Souheila KHALFAOUI

Variografia e sedimentologia

Souheila KHALFAOUI

Variografia e sedimentologia

Caracterização sedimentar e geoestatística dos reservatórios do Devónico Inferior da Fossa de BENOUD (Sul da Argélia) - A

ScienciaScripts

Imprint
Any brand names and product names mentioned in this book are subject to trademark, brand or patent protection and are trademarks or registered trademarks of their respective holders. The use of brand names, product names, common names, trade names, product descriptions etc. even without a particular marking in this work is in no way to be construed to mean that such names may be regarded as unrestricted in respect of trademark and brand protection legislation and could thus be used by anyone.

Cover image: www.ingimage.com

This book is a translation from the original published under ISBN 978-620-6-71918-2.

Publisher:
Sciencia Scripts
is a trademark of
Dodo Books Indian Ocean Ltd. and OmniScriptum S.R.L publishing group

120 High Road, East Finchley, London, N2 9ED, United Kingdom
Str. Armeneasca 28/1, office 1, Chisinau MD-2012, Republic of Moldova, Europe
Managing Directors: Ieva Konstantinova, Victoria Ursu
info@omniscriptum.com

Printed at: see last page
ISBN: 978-620-8-59172-4

Conteúdo

Glossário

Devónico: Termo que significa a segunda era Paleozóica na do tempo geológico.
Gedinniano: Este é o nome antigo para o primeiro estágio Devoniano, o Lochkoviano.
Rocha de reserva : Rocha onde se acumulam os hidrocarbonetos (rocha porosa e permeável).
Rocha-mãe: Rocha sedimentar (argila ou marga) rica em matéria orgânica. A rocha na qual os hidrocarbonetos são formados.
Siégenien: É o nome antigo da segunda fase do Devónico, o Praguiano.
Topo: termo que significa o topo da série sedimentar.
Permissão: Termo que significa o direito exclusivo de explorar petróleo.
Armadilha: Uma estrutura que afecta a rocha reservatório e a rocha de cobertura de um sistema petrolífero, permitindo a acumulação de hidrocarbonetos.
Termos utilizados em petrofísica :

1. K: Permeabilidade.
2. 0: porosidade.
3. X: Média aritmética.
4. 2: a variância.
5. Desvio padrão.

Introdução geral

A plataforma do Sara faz parte do cratão do Norte de África. É limitada a norte pelas cadeias do domínio do Atlas, do qual está separada pela flexura meridional do Atlas, e a sul pelos maciços de Eglabs e Hoggar, situados a sudoeste e sudeste, respetivamente. A plataforma do Sara está subdividida em três subprovíncias: a Província Ocidental, a Província Oriental e a Província Triássica (Figura 1).

O sulco de Benoud faz parte da província ocidental da plataforma do Sara. Foram efectuados numerosos trabalhos nesta região durante as duas últimas décadas. Estes trabalhos conduziram recentemente a uma série de descobertas promissoras que motivam a prospeção nesta bacia, nomeadamente nos reservatórios do Devónico Inferior e do Lias.

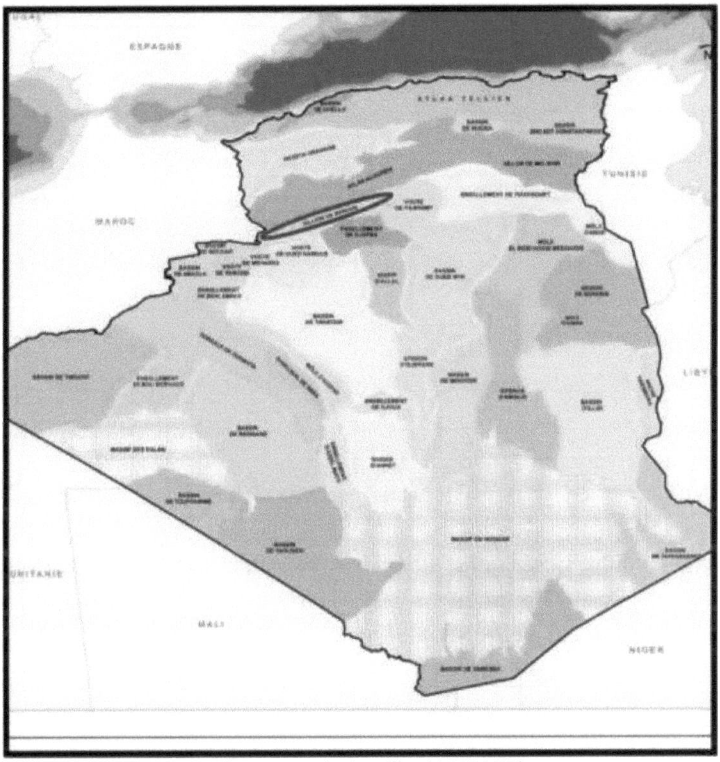

Mapa de situação das bacias sedimentares da Argélia, (ALNAFT)

Capítulo I

Geral

+ Problema e objetivo do estudo

Este trabalho inscreve-se no âmbito da colaboração entre a U.S.T.H. B e a Sonatrach (divisão de exploração) e consiste no estudo e avaliação do reservatório devoniano inferior do sulco de Benoud. Oito poços foram perfurados na nossa área de estudo: MAMI-1, MAMI-2, MAMS-1, WMAMI-1, AET-1, OAZ-1, GEJ-1 e MAME-1, dois dos quais são novas descobertas. O objetivo principal é a formação Devoniana Inferior, que pode ser subdividida em três subestações: Gedininen, Siégenien e Emsien. São constituídas por alternância de arenitos e argilas. Para poder efetuar uma abordagem sedimentológica das jazidas de Gédininen, Siégenien e Emsien, é necessário basear-se em dados de prospeção. Esta abordagem implica a utilização da estratigrafia sequencial com a interpretação de perfis de correlação através do software "PETREL", pelo que consiste, em primeiro lugar, em identificar as electrofácies que caracterizam este intervalo, a fim de verificar a extensão dos níveis de arenitos, essencialmente do tipo Siégenien-Gédinnien, na área de estudo.

Para atingir o objetivo pretendido, foram elaborados quatro capítulos:

- Primeiro capítulo: Generalidades.
- O segundo capítulo : Análise dos preenchimentos sedimentares do Devónico Inferior.
- O terceiro capítulo : Análise petrofísica e estudo estatístico.
- O quarto capítulo : Potencial petrolífero.

I.1 História do trabalho na região

Os primeiros trabalhos de pesquisa e exploração no Sillon de Benoud começaram nos anos 60 e 70 com a perfuração dos poços TAJ-1 e KEB-1, seguidos da perfuração dos poços KHL-1 e EKL-1, situados na orla do Atlas.

A atividade de perfuração foi relançada em 2010. O poço MAMI-1 (perfurado em 2010 na parte oriental do sulco) revelou conter hidrocarbonetos após uma operação de fracturação num nível do Gedinnian (7,7 m3/h de petróleo e 1934 m3/h de gás). Na sequência desta descoberta, foram perfurados vários poços na estrutura e na área circundante, um dos quais (OAZ-1, em 2018) revelou conter hidrocarbonetos (petróleo e condensado, sem fluxo) num nível Segenniano. Mais a oeste, o poço TAJ-1 foi perfurado novamente em 2019 e foi feita uma descoberta no carbonato Lias (1,04 m3/h de óleo após levantamento com nitrogénio). Em 2020, a perfuração do poço GEJ-1 resultou numa descoberta de petróleo no Gedinnian com um caudal de 7,2 m3/h e gás de 3300 m3/h. De notar que não existem poços na parte central da trincheira. O quadro seguinte (Quadro I.1) resume o historial dos poços localizados na perímetro de el Ouabed e zona envolvente:

Bem	Ano	Profundidade Final (m)	Piso CONQUISTADO	RESULTADOS
TAJ-1	1965	3802	Cambriano	Índices de gás/petróleo no Lias Índices de gás no Baixo Dev. e Gothlandian
KEB-1	1971	2571.5	Infra Lias	A Jurassic adquire
KHL-1	1992	5192	Devoniano Inferior	Seco
EKL-1	2008	4713	Devoniano	Aquíferos Dogger-Lias
MAMI- 1*	2010	4160	Ordovícico	7,7m3 de petróleo e 1934 m3 de gás em Gedinnian

				após fracturação
MAME-1	2012	3650	Ordovícico	Desenvolvimento petrolífero/Ordo (fracturação mal sucedida)
AET-1	2012	3850	Ordovícico	Óleo Dev/Ordo (não testado)
MAMI-2	2013	3700	Ordovícico	Óleo Dev/Ordo (não testado)
MAMS-1	2016	3570	Ordovícico	Seco
OAZ-1	2018	4800	Ordovícico	Petróleo e gás no Siegenian
TAJ-1 Bis	2019	2450	Frasnien	1,04m3/h de petróleo no Lias
GEJ-1	2020	4270	Ordovícico	7,2m3/h de petróleo e 3300m3/h de gás no Gedinnian

Quadro I. 1- Resumo dos poços situados no perímetro de El Ouabed II e suas imediações. (Documento SH/EXP).

1.2 Localização geográfica

O sillón de Benoud situa-se na parte noroeste da plataforma saariana, a sudoeste de Laghouat. Trata-se de uma depressão estreita orientada para WSW-ENE. O perímetro de El Ouabed, representado pelos blocos 103 e 313, cobre uma superfície de 15.377,17 km2 e é delimitado a leste pelo meridiano 2°30'E perto da cidade de Aflou e a oeste pelo meridiano 0°30'E que passa a oeste do Biod Sidi Chikh. O seu limite norte passa pela cidade de Tadjrouna, enquanto o seu limite sul coincide com o paralelo 32°30'N que passa pela cidade de Ghardaï'a. (Figura I. 1).

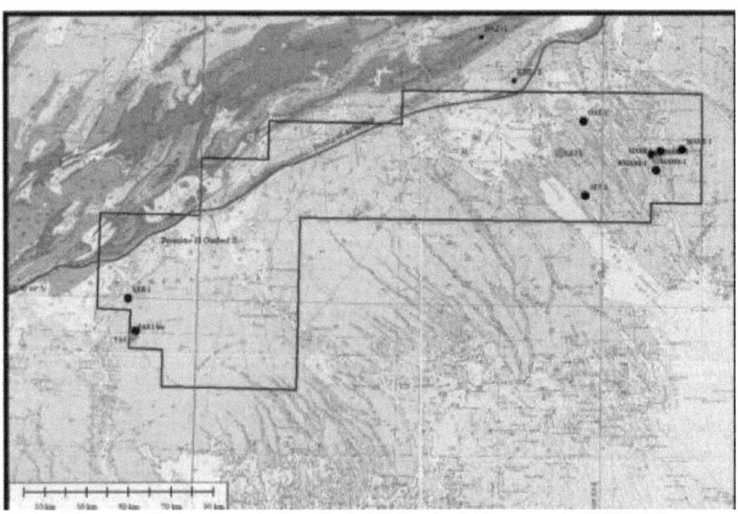

Figura I. 1 - Mapa geológico da autorização de El Ouabed (documento SH/EXP)

1.3 Enquadramento geológico da zona de estudo (bacia do BENOUD)

A nossa zona de estudo pertence à parte oriental do sulco de Benoud, que é delimitada por: o Atlas do Sara Ocidental a norte.

- o A cúpula TILRHEMT a sudeste.
- o A abóbada de OUED NAMOUS a sudoeste.
- o O campo de sedimentos DJOFRA a sul e a sudeste.

A região representa uma junção entre o domínio Atlasiano e a plataforma do Sara.

Constitui a transição entre uma zona deformada a norte durante os períodos Paleozoico e Mesozoico-Terciário (Atlas do Sara) e uma zona estável a sul desde o Hercínico (plataforma do Sara). Está quase inteiramente coberta por depósitos quaternários (Hamada). A única

Os afloramentos mesozóicos e terciários estão localizados em encostas íngremes a norte (Figura I.2).

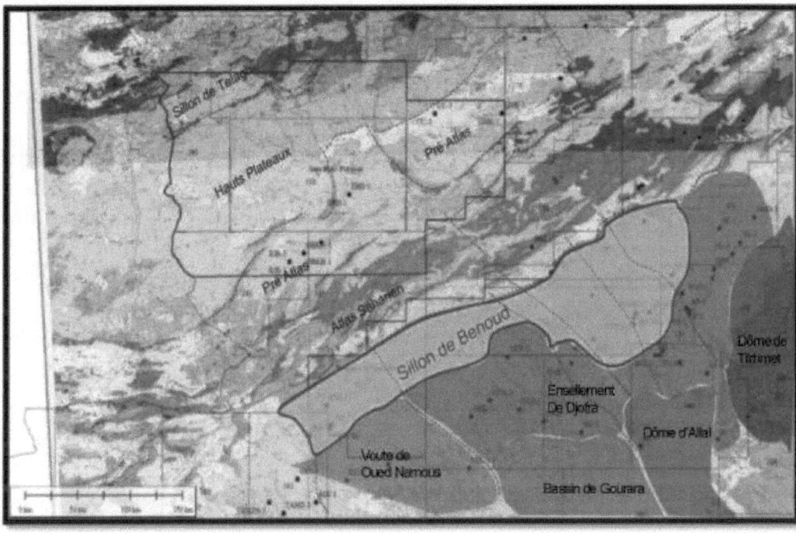

Figura I. 2-Posição estrutural regional da Fossa de Benoud. (Documento SH/EXP, setembro de 2021)

I.3.1 Aspeto estratigráfico

A coluna estratigráfica da Fossa de Benoud apresenta um certo número de descontinuidades, com séries que vão do Cambriano ao Miopliocénico, essencialmente detríticas.

A. Paleozoico

A cobertura sedimentar paleozóica do Sillón de Benoud é constituída pelas seguintes séries:

Cambriano (Ep>270m)

Os depósitos cambrianos encontram-se inconformados numa base cristalina e são representados por séries detríticas continentais a costeiras.

Cambro-Ordovícico

Os arenitos Bordj Neili e El Megta são arenitos finos de quartzito intercalados com argilas negras induradas.

Ordovícico (330m)

O Ordovícico caracteriza-se por uma sedimentação detrítica comparável à que se encontra em toda a parte setentrional da plataforma saariana, distinguindo-se por um período de glaciação e por alternâncias de transgressões e regressões marcadas por argilas areníticas marinhas e continentais. O Ordovícico caracteriza-se pela alternância de argilas e arenitos subdivididos em várias formações, de baixo para cima:

- El Gassi clay ;
- Arenito El Anguer: arenito fino a médio com intercalações de argila;
- Argilas de Azzel: argilas pretas com argilas pretas micáceas e piriticas compactas; o Argilas de Oued Saret: argilas cinzentas a pretas, siltosas a arenosas.
- Argilas micro conglomeráticas: argilas pretas micáceas, silte e cascalho com grandes grãos de quartzo eólico;
- A laje de Mkratta: nível de arenito quartzítico.

O Siluriano (370m)

A fusão das calotas polares provocou uma transgressão marinha que afectou toda a plataforma do Sara.

O Siluriano é representado pela formação Oued Ali, constituída por argilas negras orgânicas e radioactivas com numerosas intercalações calcárias e camadas de arenito.

O Devoniano (410m)

No Devónico Inferior até ao Gediniano, o mar retirou-se da maior parte da região, dando origem a uma sedimentação detrítica litoral, embora com algumas influências marinhas no sudoeste. A formação Dkhissa, que se generalizou no Gediniano e no Segeniano, subdividiu-se em Dkhissa inferior argilosa e arenosa e Dkhissa superior arenosa. No Emsien uma nova transgressão afecta a região, a sedimentação torna-se argilosa com a intercalação de sitestone e quartzito (formação Tiferguenit). No Devónico Médio ao Geviitiano um mar quente invade as regiões mais profundas do Oeste e Sudoeste, onde a sedimentação depositada será representada por carbonatos (formação Sebbat). O Frasniano é formado pela alternância de dolomitos e argilas escuras (formação Meden-Yahya).

O Carbonífero (670m)

O ciclo regressivo do Devónico é seguido de uma transgressão no Carbonífero. A sedimentação é marinha (litoral e plataforma) com depósitos carbonáticos e detríticos.

Durante este período, podem distinguir-se as seguintes subdivisões:

- O Viséen: representado por margas e argilas na base e carbonatos e argilas no topo.
- O Namuriano: A parte inferior do Namuriano caracteriza-se pela predominância de argilas negras, enquanto a parte superior é essencialmente constituída por calcários oolíticos, por vezes dolomitizados.
- Westfaliano: alternância de arenitos finos a médios, argilas e dolomitos com camadas de calcário.

B. O Mesozoico

O Mesozoico do sillón de Benoud assenta inconformavelmente sobre o Paleozoico. A espessura do Mesozoico varia entre 2000 e 3000 metros, com a maior espessura junto à falha do Atlas meridional.

As Trias (70m)

Toda a região está inclinada para NE, com o Mole Allal ainda a desempenhar um papel na zona alta será a principal fonte de depósitos detríticos triássicos, embora o relevo de Hassi R'mel contribua menos.

O Trias é formado na base e no cume por argilas vermelhas intercaladas com cerca de quarenta metros de rochas magmáticas verdes muito alteradas (doleritos) nos cumes.

O Jurássico (900m)

O Jurássico inclui :

- O Lias: Forma alternando argilas e anidrite na base, com calcário e argilas no topo.
- O Dogger: Marcado por uma fácies argilosa na base que se torna gradualmente detrítica no topo.
- O Malm: composto essencialmente por alternância de argilas arenosas e argilas arenosas com intercalares dolomíticos.

O Triássico e o Jurássico correspondem à formação Zarzaì'taine, que é o equivalente sedimentar.

O Cretáceo (1150m)

O Cretáceo está subdividido em dois grupos:

- Cretáceo Inferior: o período Neocomiano-Cenomaniano é marcado por uma fácies argilo-arenosa por vezes intercalada com argilas ou margas.
- Cretáceo Superior: no período Turoniano-Senoniano, a sedimentação torna-se carbonatada.

C. O Cenozoico

O Cenozoico assenta inconformavelmente sobre os níveis do Cretácico; o termo mais representativo do Cenozoico é o Mio-Pliocénico (formação Hamada), com areias e arenitos e intercalações de argilas e calcários. Na região de El Kohol, por outro lado, o Cenozoico é representado pelo Eocénico, com areias associadas a camadas de calcário e argila. (Figura I.3).

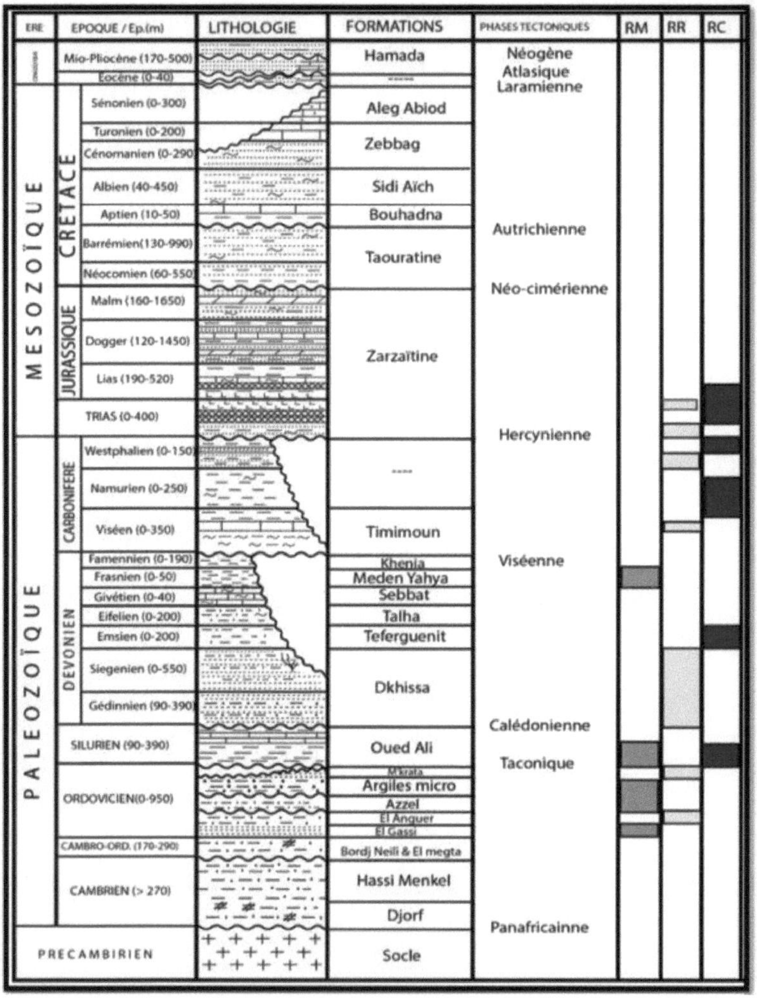

Figura I. 3- Secção estratigráfica típica da trincheira de Benoud. (Documento SH).

I.3.2 Aspeto estrutural

A configuração estrutural atual é o resultado da influência de várias fases tectónicas ligadas a acontecimentos hercínicos e alpinos. A zona de estudo de El Ouabed é constituída por duas entidades estruturais que de forma diferente ao longo do tempo geológico, o Atlas do Sara a norte e o Benoud Sillon, parte da plataforma do Sara, a sul. Estas duas unidades estruturais estão separadas por uma grande falha que atravessa todo o Norte de África de oeste para leste e que, segundo os autores, é designada por Frente de Sobrecarga do Atlas do Sul (SAF).

I.3.3 Evolução geodinâmica

Evento pan-africano

Por volta de 620 Ma, vários cratões antigos juntaram-se para formar o mega continente Gondwana. No Norte de África, estes eram o cratão da África Ocidental e o cratão da África

Oriental. A compressão este-oeste resultou na formação de grandes fendas submeridianas sublinhadas por mionites, combinadas com falhas dextral NE-SW e senestial NW-SE (Boudjema, 1987.Haddoum, 1992).

Evento Taconic

Este acontecimento teve início no Areenigiano e levou à elevação dos domos de Hassi R'mel e Oued Namous, provocando o adelgaçamento da série em direção a estas zonas altas. O Ordovícico é caracterizado por inconformidades locais, dobras de grandes dimensões e, sobretudo, por uma inclinação regional para sul, o que provoca uma forte erosão no flanco norte (Oued Namous e Hassi R'mel) em comparação com o flanco sul (Oued Mya), onde a série Ordovícica está completa. A inconformidade Tacónica propriamente dita é descrita na base de argilas micro conglomeráticas de idade Asghilliana.

Evento na Nova Caledónia

O evento Caledoniano está ligado ao encerramento do Oceano Iapetus, acentuando os movimentos de compressão que levantaram a plataforma do Sara durante evento Tacónico.

A inconformidade reuniu argilas marinhas de profundidade (série Oued Ali) de idade siluriana e arenitos devonianos (arenito Dkhissa).

Evento hercínico

Do Devónico ao fim do Carbonífero, este acontecimento levou à colisão dos megacontinentes Gondwana e Laurásia para formar o megacontinente Pengea (Andrako, 1993).

No Viséen, uma fase compressiva N040° (Boudjema, 1987) produziu estruturas NW-SE e grandes elevações na região, seguidas um período de erosão.

No Namuriano, os efeitos desta fase, que só são visíveis na parte sudoeste da Fossa de Benoud, manifestam-se por uma inconformidade que coloca o Namuriano sobre terrenos que vão do Devónico Superior ao Viséano Inferior.

Ante-vestefaliano, o Vestefaliano encontra-se inconformado sobre o Devónico a norte e a nordeste da trincheira de Benoud. Esta inconformidade estende-se desde a região de Béchar, onde o Moscoviano se sobrepõe ao Baixo Bashkiriano ou Serpukhoviano (KaziTani e Durée, 1993), até à região de Bordj Nili, onde se sobrepõe ao Siluriano.

No Pós-Stefaniano, uma fase compressiva de tendência N120 (Boudjema, 1987) produziu estruturas NE-SW e grandes elevações (Anadarko, 1993), seguidas de um grande ciclo de erosão profunda do Paleozoico, localmente até ao Siluriano (Mazar paleo-uplift), resultando numa inconformidade regional que separa o Paleozoico do Mesozoico.

O evento alpino

A história da Fossa de Benoud durante o evento Alpino (Meso-Cenozoico) está diretamente relacionada com a abertura do Atlântico que começou no período Triássico.

O Sillon de Benoud foi formado em duas fases:

Triássico - Jurássico Inferior

A região de Benoud era, nesta altura, uma zona alta, resultado de um sistema de falhas normais na margem sul da bacia do Atlas, formando um semi-graben.

Jurássico Médio - Presente

A Fossa de Benoud começou a diminuir no Jurássico Médio, com uma taxa de subsidência irregular. A subsidência abrandou no Cretácico e acelerou no Terciário. O mecanismo de subsidência da Fossa de Benoud pode ser associado ao desenvolvimento de uma margem sedimentar passiva sob a área atualmente ocupada pelo Atlas .

A fase distensiva do Trias-Lias

Durante o período Triássico-Liássico, a Fossa de Benoud situava-se na margem sul da Fossa do Atlas. O regime distensivo causou repetição de antigas falhas NE-SW em falhas normais, resultando em mudanças de fácies e variações de espessura ao longo destas falhas e a deposição de rochas vulcânicas que se encontram atualmente na Fossa de Benoud e regiões vizinhas (TAJ- UC-101) (Anadarko, 1993).

A fase austríaca

A inversão das falhas submeridianas na região de Benoud levou à formação de abóbadas anticlinais de tendência norte-sul. Estas foram posteriormente afectadas por uma erosão intensa, embora apenas no Barremiano. Esta fase é reconhecida sismicamente por uma inconformidade (a inconformidade austríaca) que separa o Aptiano terminal do Barremiano, e pelas falhas essencialmente inversas truncadas por esta inconformidade.

A fase Laramiana

A diferenciação da Fossa de Benoud começou provavelmente com esta fase, no Cretácico Superior. Durante este evento, o Atlas do Sara emergiu e no seu sopé, no lado do Sara, estabeleceram-se calhas molássicas, incluindo a Fossa de Benoud, que recebeu os produtos do desmantelamento do Atlas do Sara (KaziTani, 1986; KaziTani e Duée, 1993). Esta fase afecta a série Cenomano-Turoniana que aflora na região de El Kohol e é expressa por dobras orientadas a N330, bem como por fissuras de tensão em escalões que indicam encurtamento N240 (Habani e Medaouri, 1994).

A grande fase do Atlas

Esta fase eocénica, expressa por falhas inversas e principalmente dobras NE-SW indicando uma direção de compressão NW-SE, é responsável pela elevação do domínio atlástico. A elevação foi seguida de erosão, que se exprime atualmente em subsuperfície por uma inconformidade regional (inconformidade atlásica) que separa o Mesozoico (Cretáceo) do Cenozoico (Plioceno Médio).

A fase Neogénica

Esta fase é responsável, nomeadamente, pela formação de filões de mergulho Sul-Sudeste na frente da Cordilheira do Atlas, no limite com a Fossa de Benoud, encimados por dobras estreitas NE-SW. Os afloramentos da região de El Kohol mostram a formação de empuxos dextral NW-SE e senestial NE-SW compatíveis com a compressão Norte-Sul, que por vezes compensam estruturas pré-existentes.

Capítulo II

Análise dos preenchimentos sedimentares do Devoniano.

11.1 Introdução

Para efetuar um estudo sedimentológico dos reservatórios do Gedinniano-Siegeniano e do Emsian, é necessário apoiar-se em dados de perfilagem. Esta abordagem implica a utilização de uma análise sequencial para o poço de referência (MAMI-1) e de uma estratigrafia sequencial para todos os poços com a interpretação de perfis de correlação, pelo que consiste, em primeiro lugar, na identificação das elevrofácies, utilizámos os resultados de perfilagem produzidos pela Sonatrach na área de estudo, nos poços; MAMI-1, AET-1, GEJ-1, OAZ-1, MAME-1 (Figura II .1), e também uma descrição das amostras de núcleo dos cinco poços, com MAMI-1 tomado como poço de referência. Para ter uma boa representação da evolução espacial da profundidade destes reservatórios na área de estudo, foram elaborados mapas de isóbatas. Para o tratamento de todos os dados digitais, utilizámos o software Pétrel, versão 2017.

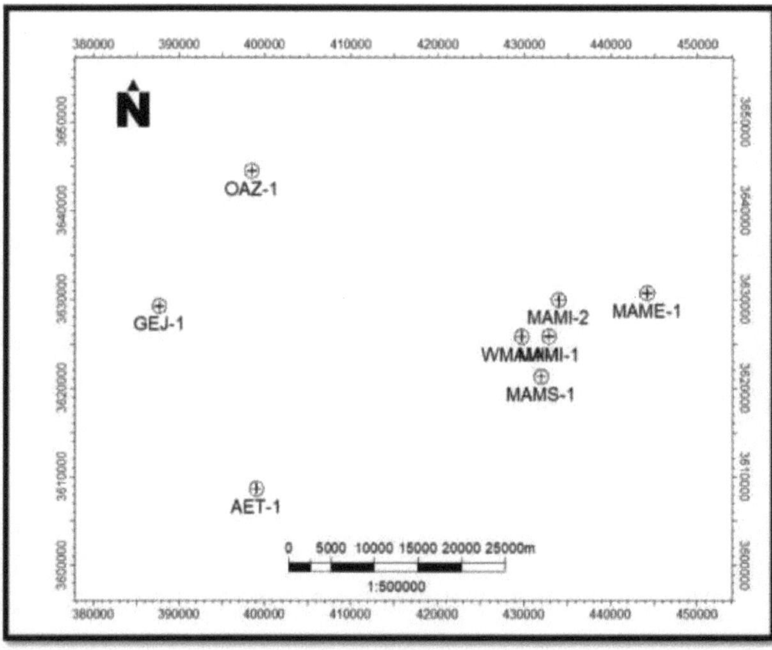

Figura II. 1-Mapa de localização dos poços estudados

A identificação das sequências e dos processos sedimentares é feita principalmente através da aplicação dos princípios da estratigrafia sequencial ao registo logarítmico, em particular os dos raios gama. Esta identificação baseia-se literalmente em evidenciar os diferentes pontos de inflexão da curva de raios gama e as variações graduais ou abruptas desta curva que correspondem às passagens de uma sequência para outra e de uma procissão para outra.

A relação entre as variações da granulometria, da argilosidade e do comportamento das curvas GR e DT permitiu classificar as curvas logarítmicas em função da sua forma (Figura II.2).

+ A forma de sino: relacionada com depósitos de canais fluviais ou depósitos transgressivos, o seu contacto basal é abrupto.

+ A forma de funil: caracteriza um meio de barras com um nível basal gradual.

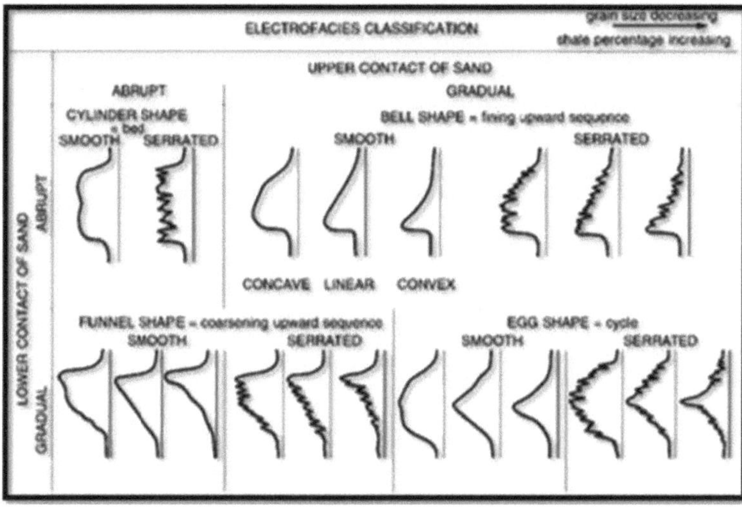

Figura II. 2-Classificação das electrosequências (segundo SERRA e SULPIICE, 1975)

11.2 Noção de estratigrafia sequencial

A estratigrafia de sequências é uma disciplina que reúne um certo número de métodos com objetivo de aceder às relações geométricas e cronológicas das unidades estratigráficas dentro dos conjuntos sedimentares. O seu objetivo é definir unidades sedimentares delimitadas por superfícies temporais que correspondam a períodos particulares de variação do nível do mar, com base na análise de secções sísmicas, registos de registo, afloramentos e dados de descrições de testemunhos.

A estratigrafia de sequências é uma excelente ferramenta para identificar e quantificar as formas de preenchimento das bacias sedimentares. Os seus conceitos foram desenvolvidos por um grupo de geofísicos e geólogos do petróleo com base na estratigrafia sísmica.

11.3 Noção de processos sedimentares

Uma procissão sedimentar (sistema de tractos) é definida por uma sequência de sistemas deposicionais contemporâneos (Brown Jr e Fischer, 1977). Cada procissão está associada a um segmento particular da curva eustática. Foram identificadas três procissões principais: (Figura II.3)

a. O trato dos sistemas Lowstand (LST)

É limitada no topo pela superfície de transgressão. Esta procissão é depositada durante a rápida descida do nível do mar. Em pormenor, a procissão de baixo nível subdivide-se em três :

- Ventilador de chão de berço (BFF) ou cone subaquático.
- Leque de inclinação (SF) ou cone de inclinação subaquático.
- Cunha de progressão baixa ou cunha de progressão complexa.

b. O trato dos sistemas transgressivos (TST)

É depositado durante a cobertura eustática e este intervalo sobrepõe-se aos depósitos de baixo nível ou sobrepõe-se diretamente aos depósitos de alto nível. É delimitado na base pela primeira superfície de transgressão marinha (ST) e no topo pela superfície de inundação máxima (MFS). É marcada por conjuntos de parasequências retrógradas. Na exploração madeireira, é representada por uma pilha de camadas geológicas em forma de sino que se torna mais pequena em direção ao teto.

c. O trato dos sistemas Highstand (HST)

Esta procissão forma-se durante a subida eustática e localiza-se na parte superior da sequência, iniciando-se com parasequências de agregação e terminando com uma parasequência de progradação, desenvolvendo-se no final da subida eustática, durante a estabilidade eustática e no início da descida do nível do mar.

11.4 Superfícies de descontinuidade

À escala da bacia, as sequências genéticas podem fornecer certos marcadores com valores cronológicos (superfícies de descontinuidades) que podem ser utilizados como referências para as correlações. Estas superfícies integram um determinado intervalo de tempo, de importância variável consoante a sua natureza e a sua posição na bacia:

a. Limites de sequência (LS ou SB)

Existem dois tipos principais de limites de sequência (LS ou SB):

□ A descontinuidade LSI ou SB1 forma-se quando a descida do nível do mar é superior à da subsidência. Ela limita uma sequência deposicional (constituída por LST, TST e HST) em direção à base.

□ A descontinuidade LS2 ou SB2 forma-se quando a queda eustática é igual ou ligeiramente inferior à da subsidência. É limitada na base por uma sequência deposicional composta por um trato do sistema da margem de Shlef (SMST), um trato do sistema transgressivo (TST) e um trato do sistema de High Stand (HST).

b. Primeira superfície de inundação (superfícies de transgressão ST)

Esta é uma superfície de inundação, correspondendo à primeira superfície de inundação através da qual se inicia a deposição da procissão transgressiva retrógrada abaixo da procissão de nível baixo do mar ou do bordo da plataforma.

c. Superfície máxima de inundação (MFS)

Esta superfície marca a fronteira entre a procissão transgressiva e a procissão do alto nível do mar, uma superfície de condensação (secção condensada).

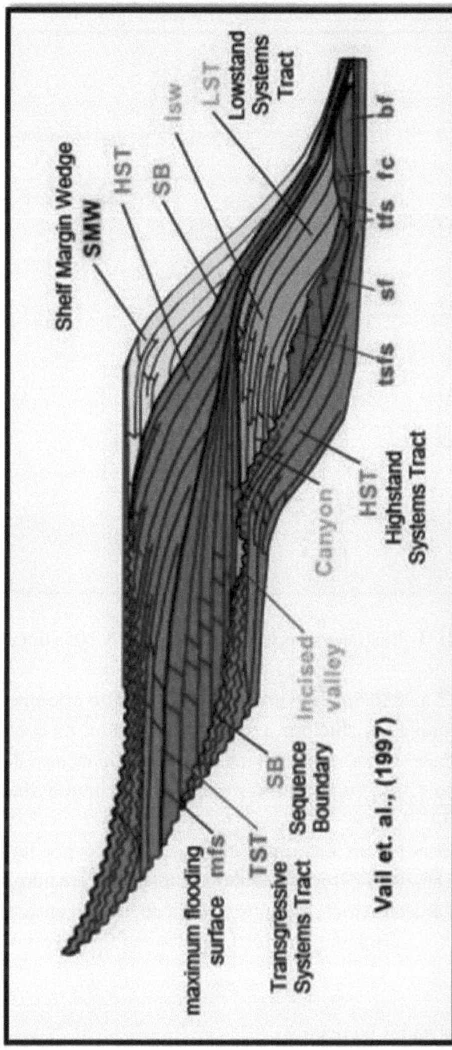

Figura II. 3- Modelo de sequência de deposição de Fecole de vail et al, (1997).

11.5 Descrição litológica dos núcleos do Devónico Inferior

As condições excecionais deste ano não nos permitiram aceder às carotes, mas pudemos, no entanto, beneficiar das descrições das carotes feitas pela Sonatrach. (SONATRACH, abril de 2012) Escolhemos cinco poços para as descrições dos testemunhos: MAMI-1, AET-1, GEJ-1, OAZ-1 e MAME-1.

<u>Poço MAMI-1</u>

Três núcleos estão localizados no poço MAMI-1:

O núcleo N °05 situa-se entre 3121,5m e 3105 e tem uma espessura de 16,5m. Este intervalo é apresentado por argilas micáceas, cinzentas-pretas, endurecidas, siltosas (Figura II.4)

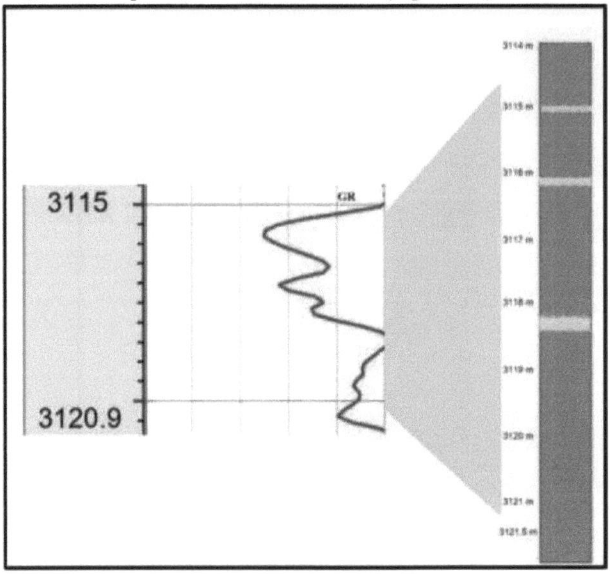

Figura II. 4- Ilustração das argilas do núcleo N °05 (intervalo de 3121,5m a 3105m).

Núcleo N °04 de 2822.5 a 2840.5m Este intervalo é um arenito cinzento-branco a branco, fino a médio, por vezes muito fino, silicioso a silico-carbonatado, moderadamente duro a duro, micáceo, com porosidade baixa a média, apresentando manchas de fluorescência direta amarelo-pálido no topo (2822.5m), com veios e camadas muito finas de siltito cinzento, argiloso, duro, micáceo.

Núcleo N °03 de 2725 a 2731m Este intervalo é constituído por um complexo de siltitos composto por: siltito cinzento-escuro, quartzo-argiloso, endurecido, muito micáceo, com passagem centimétrica a decimétrica, nódulos e veios de arenito cinzento-branco, muito fino, compacto, duro, silicioso, subangular, micáceo, piritico em locais, raras fissuras oblíquas com enchimento silicioso.

Poço AET-1

Três núcleos estão localizados no poço AET-1:

O núcleo N °03 situa-se entre 3112m - 3130m e é constituído por :

Arenito fino silicioso a silicocarbonatado, branco a bege, localmente cinzento, esverdeado, consolidado com camadas centimétricas de argila micácea siltosa, cinzenta escura, endurecida. Presença de espelhos de fricção e marcas fósseis.

O núcleo N °02 situa-se entre 3036m e 3054m e é constituído por arenitos brancos a beges, finos a raramente médios, sub-arredondados, silico-argilosos, moderadamente consolidados.

O núcleo n.º 01 situa-se entre os 2740m e os 2758m e consiste num siltito piritico cinzento a cinzento escuro, indurado, siltoso a micáceo, mudando por vezes para siltitos cinzentos escuros muito duros com passagens milimétricas a centimétricas de arenito compacto duro, cinzento claro a branco, fino a muito fino, argiloso a siliciclástico.

Poço GEJ-1

O núcleo n.º 01 situa-se entre 3536 m e 3554 m e caracteriza-se por arenito cinzento-escuro, fino a muito fino, argiloso, friável a moderadamente duro.

Poço OAZ-1

Foram encontrados três núcleos no poço OAZ-1:

O núcleo N °04 está situado ao nível da sequência A entre 4153 m e 4135 m e é constituído, de baixo para cima, por :

Arenito branco-acinzentado a cinzento-escuro, fino em alguns locais, silico-quartzito médio a silico-argiloso, de dureza média com algumas margens de argila micácea cinzenta-escura a cinzenta-preta, siltosa.

- Arenito cinzento-escuro a cinzento-castanho, muito fino, silico-argiloso, moderadamente duro.

O núcleo N °03 encontra-se na sequência C entre 4054 m e 4036 m e é constituído por um complexo de arenito muito fino, cinzento-escuro, silico-quartzítico, duro, compacto, cinzento-branco e argila cinzenta-escura, muito siltosa, micácea, fossilífera e endurecida.

O núcleo n.º 02 está localizado na sequência D entre 3701 m e 3683 m, consistindo no seguinte, de baixo para cima

□ Argila cinzenta a cinzenta escura, siltosa, mole a endurecida, com camadas finas de arenito bege-branco, muito fino, silico-argiloso, moderadamente duro e calcário cinzento-branco a branco, calcário, moderadamente duro.

□ Argila indurada cinzenta a cinzenta escura, siltosa a fortemente siltosa, com lentes centimétricas de quartzito muito fino, arenito branco-acinzentado duro e compacto.

Poço MAME-1

Oito núcleos estão localizados no poço MAME-1:

Intervalo litológico	N.º de cenouras	Descrição litológica e estruturas sedimentares
3286m -3304m	N °10	Consiste em arenito silico-argiloso macio, muito fino, castanho a cinzento-escuro, com finas manchas de argila cinzenta clara, fluorescência F1: pálida. Porosidade visual: baixa.
De 3212 a 3221m	N °9	Constituído por arenito cinzento-branco a branco, muito fino a fino, passando a siltito, subangular a subarredondado, silicioso a silico-argiloso, moderadamente consolidado a friável, micáceo, com raras passagens finas, argila cinzenta a cinzento-escura, endurecida, siltosa, micácea (Figura II.5).
De 3212m a 3194m	N°8	Constituído, de baixo para cima, por : □ Arenito cinzento a cinzento-esbranquiçado, muito fino a fino, subangular a subarredondado, silicioso a silico-argiloso, moderadamente duro, micáceo com raras camadas finas de argila cinzenta a cinzento-escura, endurecida, siltosa, micácea. □ Argila cinzenta a cinzento-preta, endurecida, siltosa, micácea, com camadas finas centimétricas a filmadas de arenito muito fino a fino cinzento-branco a branco, silico-

		argiloso, duro, micáceo
De 3181m a 3163m	N°7	Consiste em argila cinzenta a cinzento-escura, indurada, siltosa, micácea, com finas camadas centimétricas a películas de arenito cinzento-branco a branco, silico-argiloso muito fino a fino, duro, micáceo, sedimentação sob a forma de laminações horizontais milimétricas e centimétricas.
De 3145m a 3127m	N°6	Caracterizado por: argila cinzenta a cinzenta clara, cinzento-escura, mole a endurecida, siltosa, micácea, com intercalações de arenito cinzento-branco a branco, muito fino a fino, silico-argiloso, duro, micáceo.
De 3038m a 3020m	N°5	Constituído, de baixo para cima, por : □ Complexo argilo-arenoso composto por : Arenito branco a branco, muito fino a fino, silico-argiloso, duro, micáceo, com camadas centimétricas a filmadas de argila preta, indurada, siltosa, micácea. □ Arenito cinzento-branco a branco, muito fino a fino, silico-argiloso, duro, micáceo, com camadas centimétricas a filmadas de argila preta, endurecida, siltosa, micácea.
De 2799m a 2789m	N°4	Constituído por arenito duro silico-argiloso cinzento-escuro muito fino, com camadas de argila siltosa preta endurecida e siltito duro cinzento-preto (Figura II.6).
De 2789m a 2771m	N°3	Constituído, de baixo para cima, por : □ Arenito silicioso argiloso fino a muito fino, cinzento claro escuro, com níveis centimétricos e decimétricos de argila siltosa preta endurecida, micácea. □ Arenito silicioso cinzento claro fino a muito fino

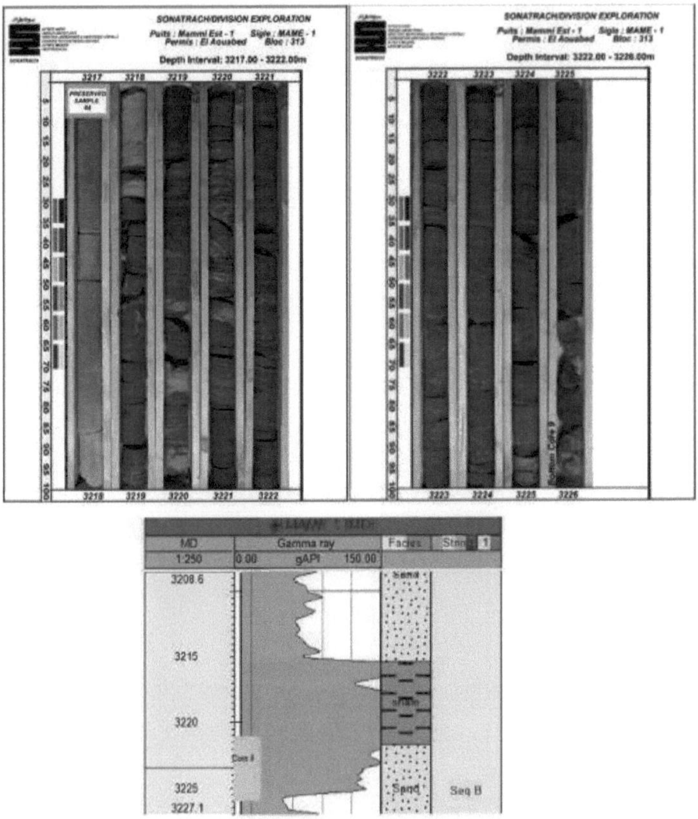

Figura II. 5 - Fotos do testemunho 09 (intervalo 3226m-3217m) do poço MAME-1.

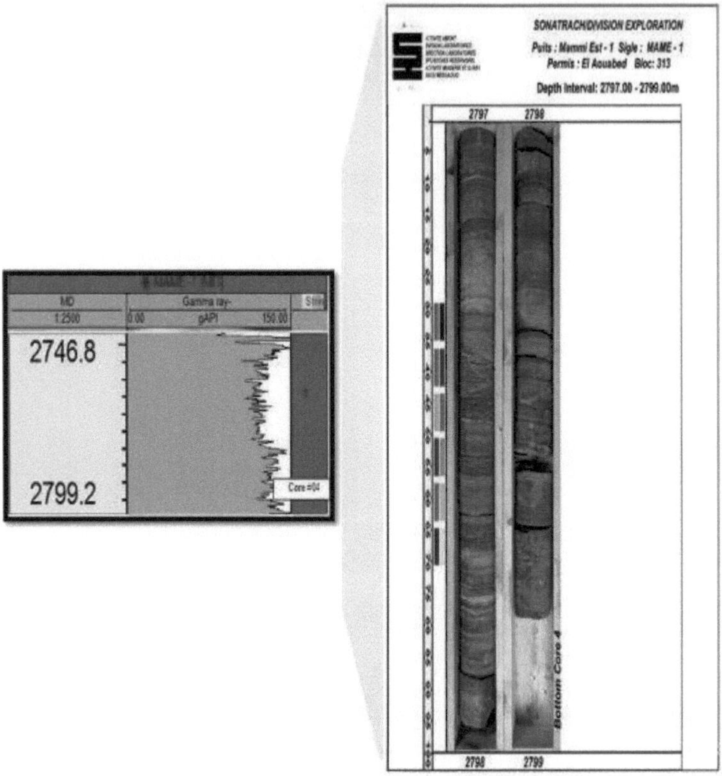

Figura II. 6 . Fotos do testemunho 04 (intervalo 2799m-2797m) do poço MAME-1.

II.5.1 Análise de base

A descrição dos núcleos dos furos MAMI-1, MAME-1, OAZ-1, GEJ-1 e AET-1 mostra a presença de seis fácies essenciais:

1. Fácies : Argila siltosa com arenito muito fino.
2. Fácies: Arenito fino a muito fino com argila fina.
3. Fácies. Arenito muito fino a fino.
4. Fácies. Argilo-arenosa com bioturbação.
5. Fácies: Complexo de silte-cascalho estratificado obliquamente.
6. Intercamadas de arenito, silte e argila.

De seguida, apresentamos uma descrição detalhada destas fácies e a sua interpretação.

1. Fácies Argila siltosa com camadas de arenito muito fino

Argila siltosa com arenito muito fino. Argila cinzenta escura, endurecida, siltosa a siltito em alguns locais, fortemente micácea, com nódulos e camadas de arenito fino. Sedimentação sob a forma de laminações horizontais milimétricas e centimétricas.

Esta fácies predominantemente argilosa é atribuída ao ambiente offshore.

2. Fácies: Arenito fino a muito fino com argila fina.

Arenito micáceo cinzento-esbranquiçado a branco, muito fino a fino, silico-argiloso, duro, com camadas centimétricas a filmadas de argila preta, indurada, siltosa e micácea. Esta fácies é interpretada como tendo sido depositada num ambiente marinho pouco profundo sob condições de superfície litoral média a superfície litoral superior dominadas por tempestades devido à presença de camadas intermédias de argila fina entre os bancos de arenito.

3. Fácies: Arenito muito fino a fino.

Arenito branco, muito fino a fino, por vezes médio, carbonatado, moderadamente a bem consolidado, micáceo, ligeiramente betuminoso. Argila micácea, cinzento-escura, endurecida, siltosa. Esta fácies foi provavelmente depositada na superfície litoral inferior devido à predominância de uma granulometria muito fina nos leitos de arenito.

4. Fácies: argilo-arenosa com bioturbação

Arenito branco a bege, localmente cinzento esverdeado, fino, silicioso a silicocarbonatado, consolidado com camadas centimétricas de argila micácea, cinzenta escura, indurada, siltosa. Presença de espelhos de fricção e pegadas fósseis. Superfície litoral inferior devido a bioturbação.

5. Fácies: Complexo silto-cascalho estratificado obliquamente

Complexo silto-cascalho composto por siltito cinzento a cinzento-escuro, argiloso com grãos de quartzo endurecidos, muito micáceo com passagens centimétricas de nódulos e veios de arenito cinzento-branco, muito fino, compacto, duro, silicioso, sub-angular, micáceo, piritico em locais e raras fissuras oblíquas com preenchimento silicioso. Fácies da superfície litoral superior.

6. Camadas intermédias de arenito, silte e argila

Arenito branco a bege, localmente cinzento, esverdeado, silicioso fino a silico-carbonatado, consolidado com camadas centimétricas de argila cinzenta escura, endurecida, siltosa, micácea. Presença de espelhos de fricção e marcas fósseis.

II.6 Sequenciação

Escolhemos cinco poços para o corte sequencial: MAMI-1, MAME-1, OAZ-1, GEJ-1 e AET-1. A partir da correlação com a secção transversal típica de Beicip (Figura II.7), estabelecemos o corte sequencial para os cinco poços. Detalhamos o corte apenas para o poço MAMI-1 (poço de referência) e os outros poços baseiam-se no mesmo princípio.

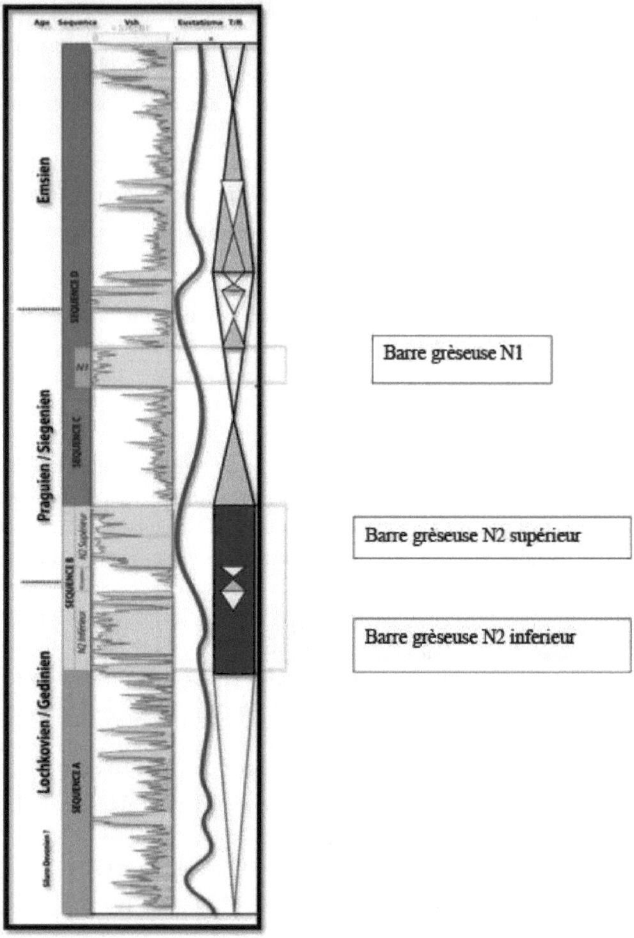

N1 niveladora de barras
Barra de cascalho superior N2
Barra de classificação N2 inferior

Figura II. 7- Divisão da sequência do Devónico Inferior do Sillón de Benoud De Beicip (2013)

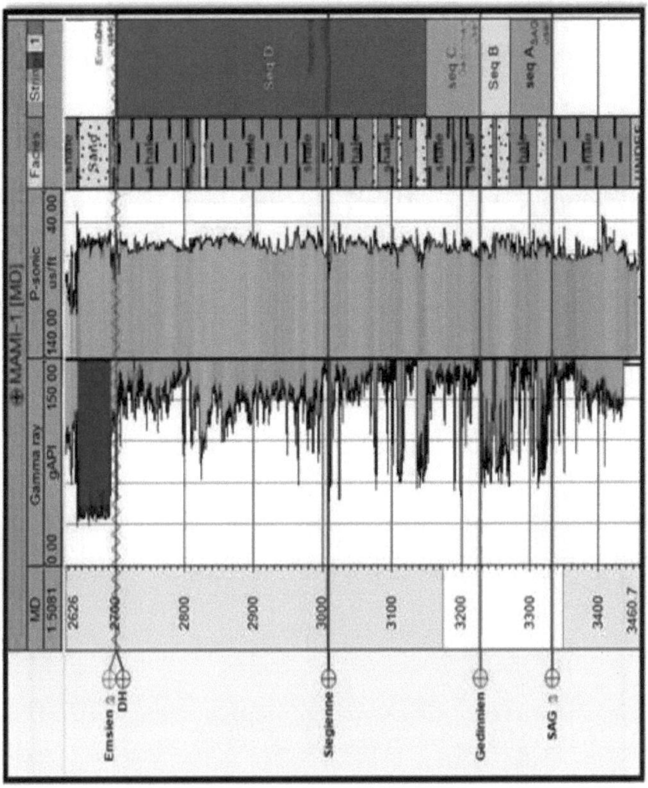

Figura II. 8-Sequências do Devónico inferior do poço MAMI-1 (com base na Fig.

II.7 Análise sequencial do poço MAMI-1 utilizando a secção tipo Beicip

Sequência A do poço MAMI-1

Esta sequência (Figura II.9) é delimitada na sua base pelo topo SAG (Silurian Clayey Greasy) e é constituída por quatro níveis gordurosos intercalados por argilas. A sua espessura é de aproximadamente 60,06m.

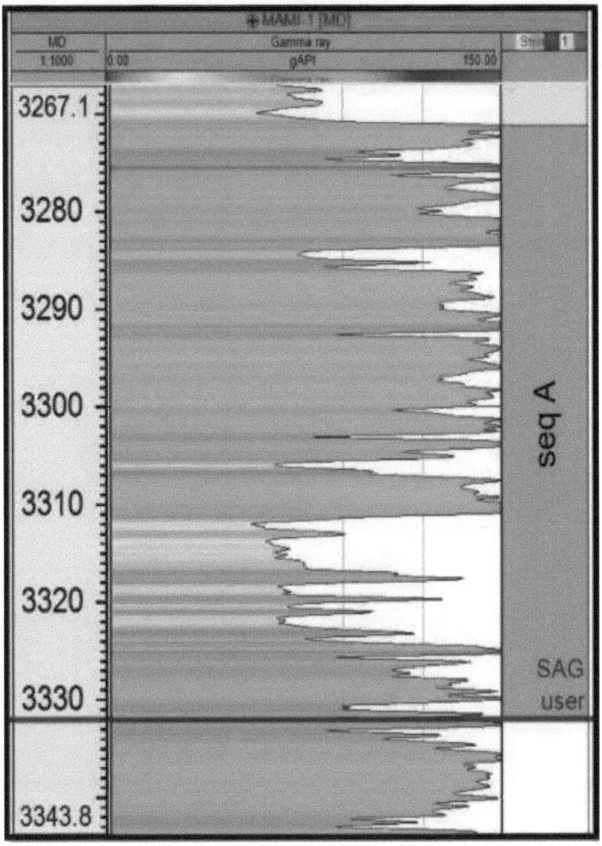

Figura II. 9- Sequência A do poço MAMI-1

Sequência B do poço MAMI-1

Esta sequência (Figura II.10) é delimitada no topo pelo topo gedinniano e é constituída por duas barras de arenito, estando as duas últimas separadas por um fino banco de argila. A sua espessura é de cerca de 44,45 m.

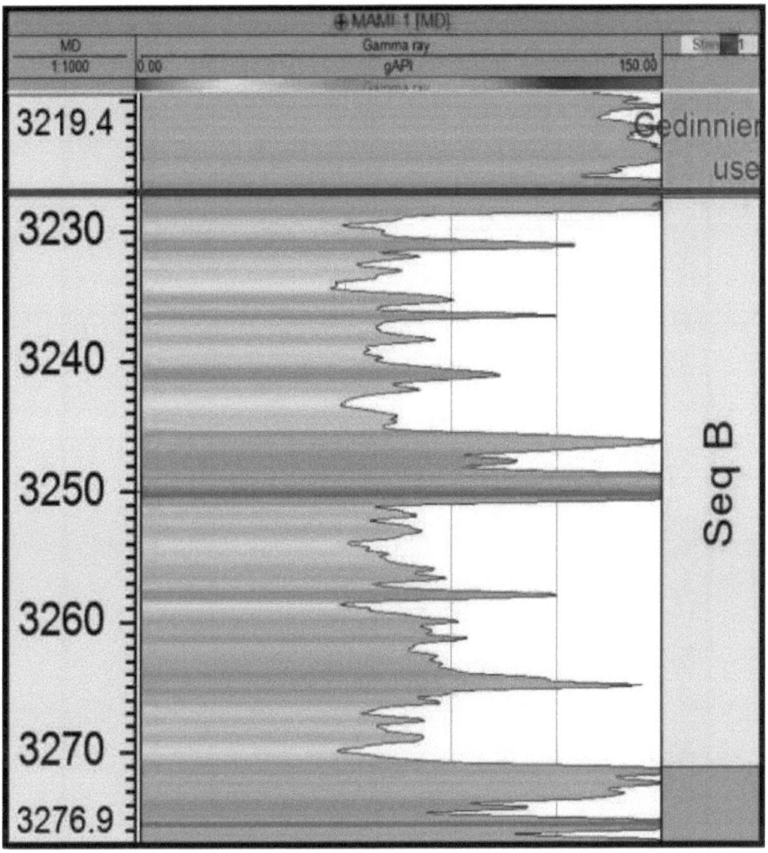

Figura II. Sequência 10- B do poço MAMI-1

Sequência C do poço MAMI-1

Com uma espessura de 72,76 m, limitada na base pelo topo gedinniano, é representada por um leito argiloso, com alguns arenitos de permeio. (Figura II.11)

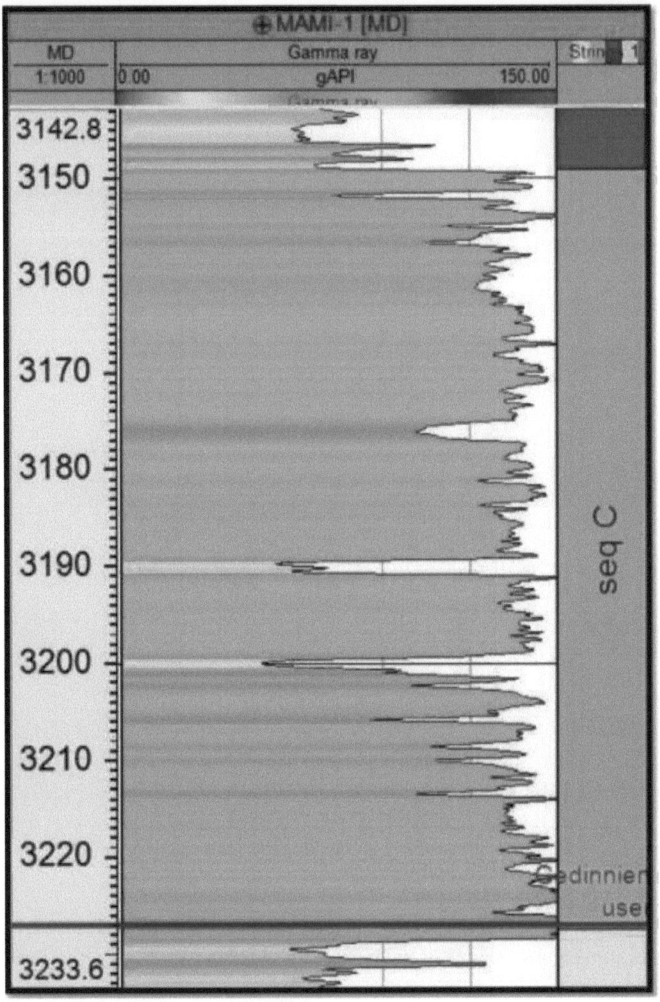

Figura II. Sequência 11- C do poço MAMI-1

Sequência D do poço MAMI-1

449,53m de espessura, representada por alternância de arenitos e argilas, delimitada na base por um leito de arenitos e no topo pela inconformidade hercínica. (Figura II.12)

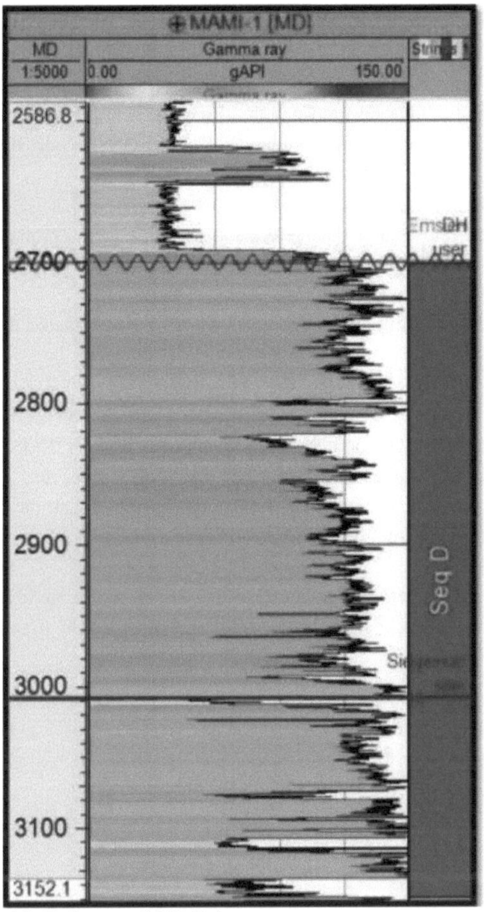

Figura II. Sequência 12- D do poço MAMI-1.

II.8 Estratigrafia de sequência

Estratigrafia de sequência do poço MAMI-1

Com base na análise sequencial, foram definidas quatro sequências (A, B, C, D) (com base nos dados SONATRACH)

Sequência A

Com uma espessura de 60,06m limitada na base pela SB (Boundray Sequence), esta última é determinada num registo diagráfico de raios gama por uma significativa inflexão descendente da curva diagráfica. Esta sequência é caracterizada pela sucessão de dois (2) processos sedimentares. (Figura II.13)

Um prisma de baixo nível (LST-1)

Este prisma apresenta uma curva de raios gama em forma de reuf, o que implica a existência de uma evolução granocroissante positiva, com uma arquitetura progradante devido a uma descida do nível do mar (regressão), seguida de uma outra evolução granocroissante negativa e de uma arquitetura retrogradante causada por uma subida do nível do mar (transgressão).

Um prisma marinho de alto nível (HST-1)

A curva diagonal de raios gama tem uma forma cilíndrica com uma tendência positiva.

Sequência B

44,45m de espessura, limitada no topo por uma Sequência de Boundray, caracterizada pela sucessão de três (3) processos sedimentares. Dois processos de nível marinho baixo intercalados por um processo transgressivo.

Dois prismas de baixo nível (LST-2 e LST-3)

A curva de registo de raios gama é caracterizada por uma forma retangular (morfologia de electrofácies).

Uma procissão transgressora (TST-1)

A curva GR mostra uma morfologia em forma de sino das electrofácies, o que implica uma tendência positiva.

Sequência C

Caracterizado pela presença de oito cortes sedimentares TST-2, TST-3, HST-2, TST-4 e LST-3, LST-4, LST-5, LST-6. Os processos sedimentares TST-2, TST-3, HST-2 e TST-4 caracterizam-se por electrofácies em forma de funil, com um tipo de sequência granocroissante de evolução progradante, representada por argilas na base encimadas por arenitos no topo. A sua espessura de cerca de 72,70 m.

Sequência D

449,53m de espessura, caracterizada pela alternância de prismas de nível marinho baixo com prismas de nível marinho alto, mais desenvolvidos a este nível, com algumas passagens de processos transgressivos.

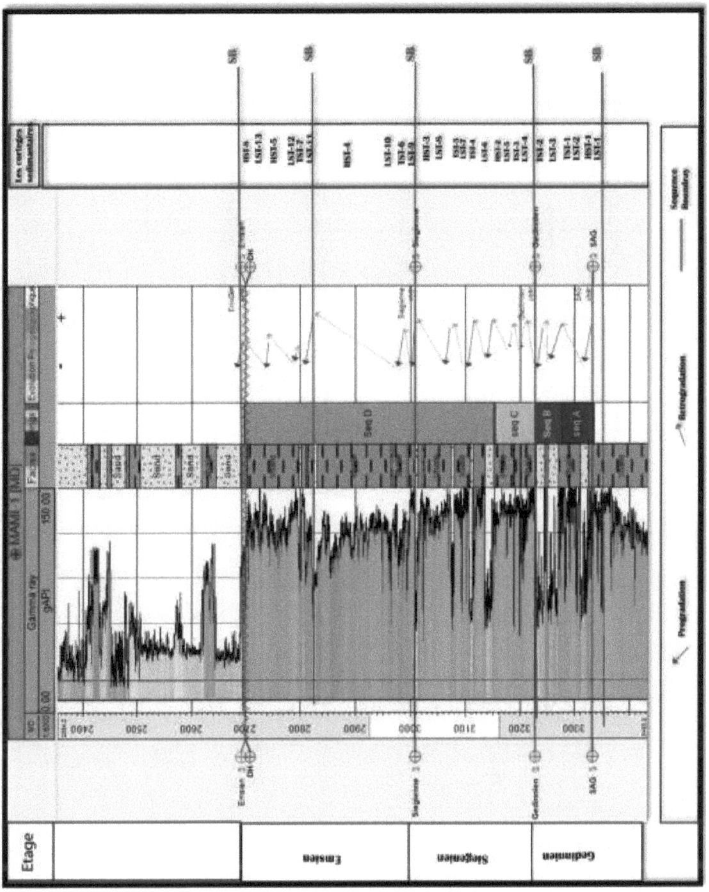

Figura II. 13- Corte sequencial do poço MAMI-1

Estratigrafia de sequência do poço AET-1

Foram definidas quatro sequências:

Sequência A

41,81m de espessura, delimitada por dois prismas sedimentares, um TST (TST-1) seguido de um LST (LST-1) (Figura II.14).

O núcleo 04 situa-se entre 3235.35 e 3240.5m, tem 18m de espessura e é constituído por argilas pretas carbonosas, endurecidas, siltosas e micáceas com abundantes nódulos centimétricos de siltito.

Sequência B

49,22m de espessura, caracterizada por dois prismas sedimentares, um TST (TST-2) seguido de um LST (LST-2).

Sequência C

8,91 m de espessura, caracterizada por uma sucessão de dois processos sedimentares, TST-4 seguido de LST-3.

Sequência D

498,65m de espessura, caracterizada por uma sucessão de prismas de alto nível marinho (HST-1 a HST-6) e prismas de baixo nível marinho (LST-5 a LST-15), delimitada no topo por uma Sequência Boundray.

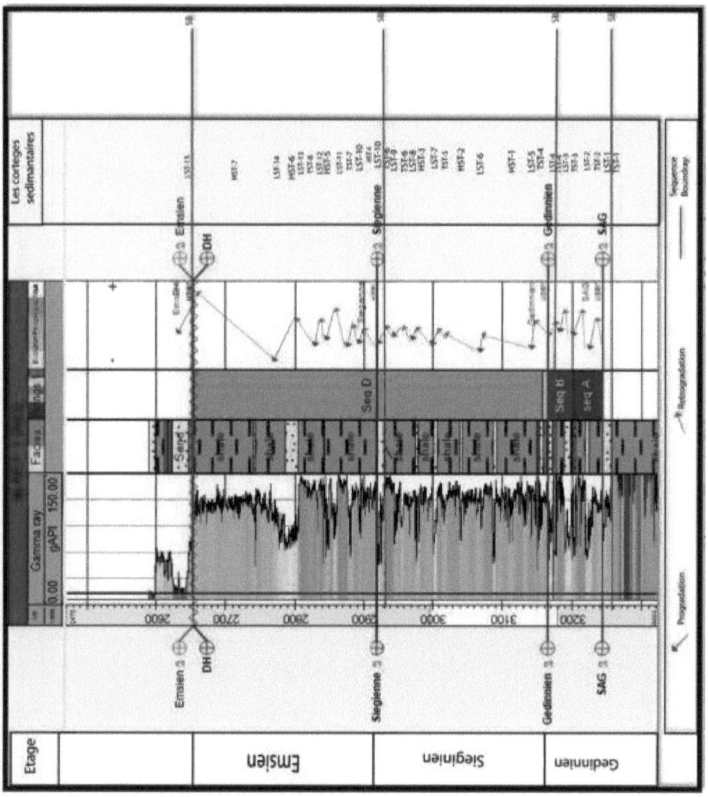

Figura II. 14- Desmontagem sequencial do poço AET-1.

Estratigrafia da sequência do poço GEJ-1

Foram definidas quatro sequências:

Sequência A

62,01m de espessura, delimitado na base por um SB, caracterizado por um prisma de nível marinho elevado HST-1 (Figura II.15).

Sequência B

A sua espessura é de cerca de 14,7m, caracterizada por um prisma marinho de baixo nível LST-1 limitado no topo por um SB, este é um leito de arenito.

Sequência C

A sua espessura é de cerca de 37,77m, caracterizada por um prisma marinho de alto nível HST-2.

Sequência D

Com uma espessura de 354,4 m, alterna prismas marinhos de baixo nível com prismas de alto nível.

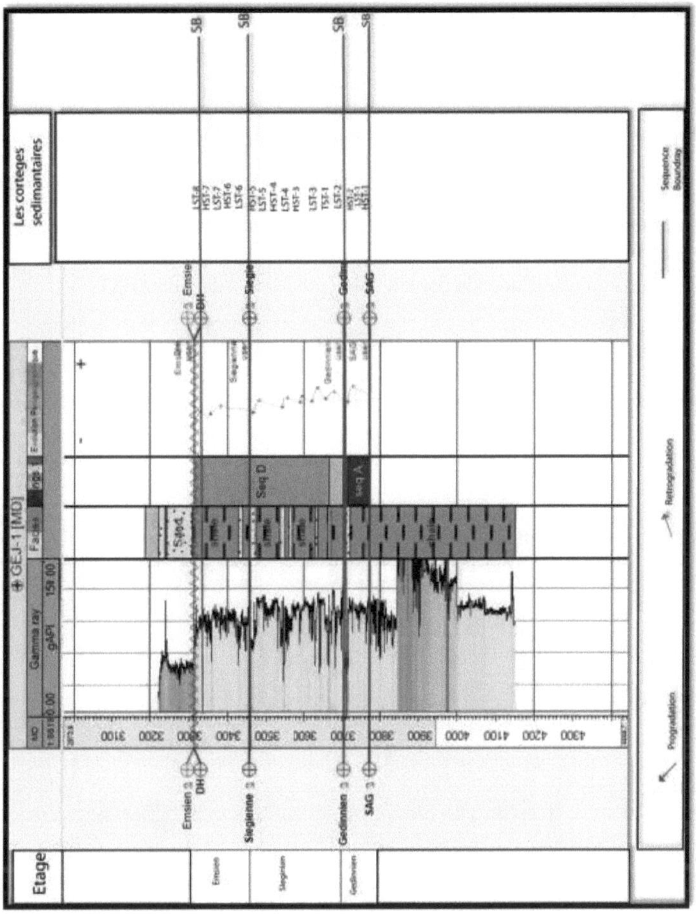

Figura II. 15 - Seccionamento sequencial do poço GEJ-1.

Estratigrafia de sequência do poço OAZ-1

Foram definidas quatro sequências:

Sequência A

85,33 m de espessura, caracterizada pela presença dos seguintes processos sedimentares: LST-1, TST-1, LST-2, TST-2, LST-3, HST-1, LST-4, HST-2: LST-1, TST-1, LST-2, TST-2, LST-3, HST-1, LST-4, HST-2 (Figura II.16)

Sequência B

42,33m de espessura, sucessão de três processos sedimentares LST-5, TST-3, LST-6.

Sequência C

47,63m de espessura, caracterizada por um único processo sedimentar HST-3.

Sequência D

347,9 m de espessura, caracterizada pela alternância de prismas de baixo nível e prismas de alto nível com algumas procissões transgressivas.

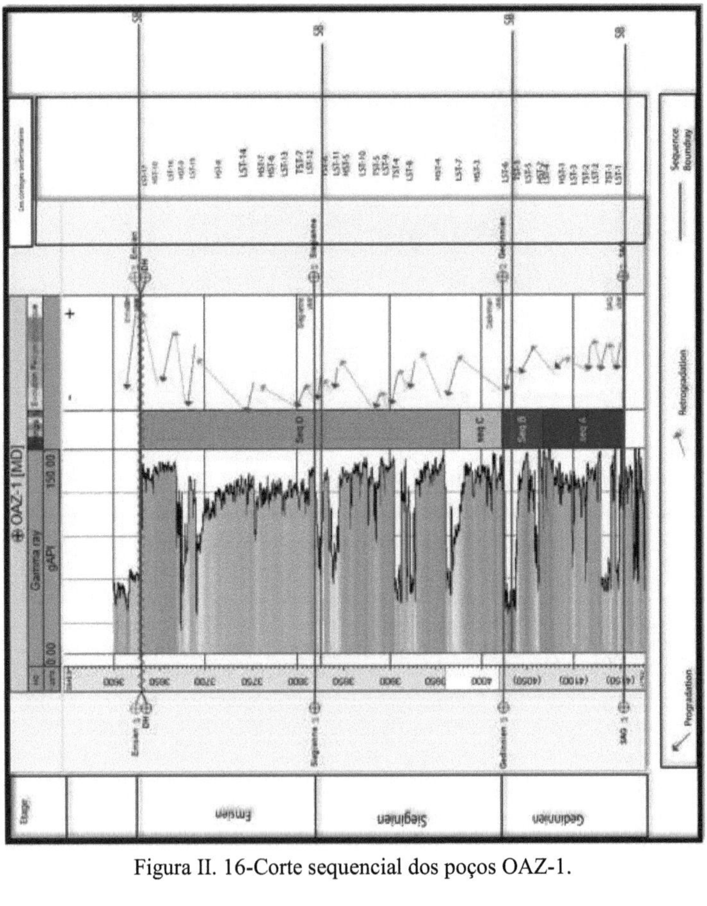

Figura II. 16-Corte sequencial dos poços OAZ-1.

Estratigrafia da sequência do poço MAME-1

Foram definidas quatro sequências:

Sequência A

47,96 m de espessura, caracterizada por dois processos sedimentares, LST-1 e HST-1 (Figura II.17)

Sequência B

Com uma espessura de 49,46m, caracterizada pela presença de um único processo sedimentar LST-2.

Sequência C

10,73m de espessura, constituído por material sedimentar HST-2.

Sequência D

Composto por alternância de prismas marinhos de baixo nível com prismas de alto nível e algumas passagens de procissões transgressivas.

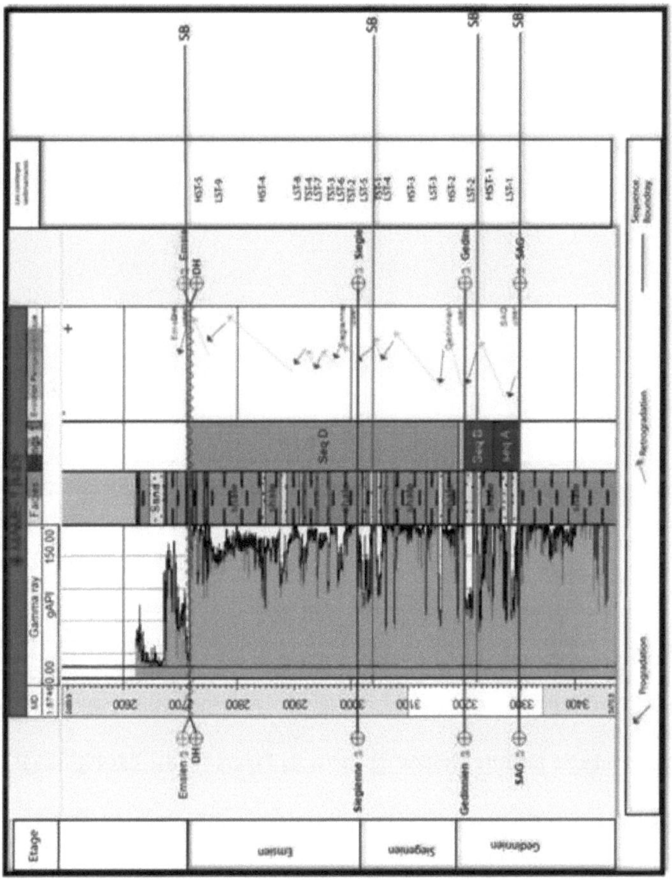

Figura II. 17- Corte sequencial poços MAME-1

11.9

11.10 Correlação litoestratigráfica

A correlação litoestratigráfica consiste em seguir lateralmente os pacotes de arenitos (esta correlação é tipicamente litológica). O objetivo é encontrar as barras de arenitos gedinnianos (N2 inferior e N2 superior) e a barra de arenitos emsianos (N1). Estabelecemos três perfis de correlação: (Figura II.18)

Perfil A: orientado E-W, passa pelos poços MAMI-1, OAZ-1 e GEJ-1.

Perfil B: orientado E-W, passa pelos poços MAMS-1, AET-1 e GEJ-1.

Perfil C: orientado NW-SE, passa pela OAZ-1. WMAMI-1, MAMS-1.

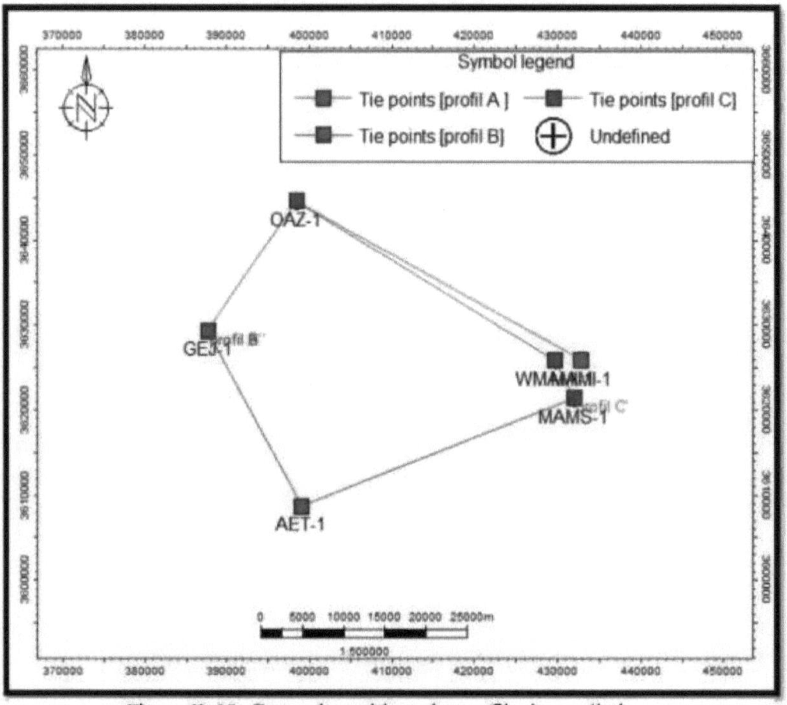

Figura il. 18- Mapas de posição dos proms de correlação

Nesta secção, a análise dos dados de registo é a principal ferramenta para determinar a extensão e a variação das fácies do Devónico Inferior. Graças às correlações regionais entre os poços, os registos permitem seguir a evolução das sequências e as suas espessuras de um poço para o outro.

A partir da correlação litoestratigráfica mostrada na Figura II.18 e nas Figuras II.19 e II.20, podemos ver :

No perfil A: (Figura II.19)

Os níveis de arenito da Sequência A são encontrados nos poços MAMI-1 e OAZ-1 e estão ausentes no GEJ-1.

As duas barras de arenito da sequência B só existem no poço MAMI-1, no poço GEJ-1 encontrámos uma única barra de arenito que corresponde à barra inferior. No poço OAZ-1, a barra de arenito inferior torna-se .

No perfil B: (Figura II.20)

Os níveis de cascalho da sequência A estão presentes no poço MAMS-1 e tornam-se mais finos no poço AET-1, e ausentes no poço GEJ-1.

A barra de arenito N1 é encontrada nos poços MAMS-1 e GEJ-1, mas no poço AET-1 é mais fina do que nos outros dois poços.

No perfil C: (Figura II.21)

A barra de arenito N1 é mais fina no poço MAMS-1 do que no poço OAZ-1.

No poço OAZ-1, a barra grossa inferior afunila em direção ao poço MAMS-1.

11.11 Conclusão

Com base nos dados de registo e de cava dos poços MAMI-1, OAZ-1, AET-1, GEJ-1 e MAME-1, estabelecemos uma repartição das sequências correlacionando-as com a secção Beicip. Em todos os poços, o Devónico Inferior apresenta quatro (4) sequências genéticas. Nos poços MAMI-1 e OAZ-1, as quatro sequências A, B, C e D são mais espessas. Por outro lado, nos poços AET-1 e MAME-1, as quatro sequências são moderadamente espessas se as compararmos com os dois poços anteriores. No poço GEJ-1, as quatro sequências são . A análise sedimentológica (estratigrafia das sequências, correlações regionais) permitiu-nos identificar reservatórios no Gedinniano, Siégeniano e Emsiano, correspondentes a complexos de arenitos em ambientes marinhos.

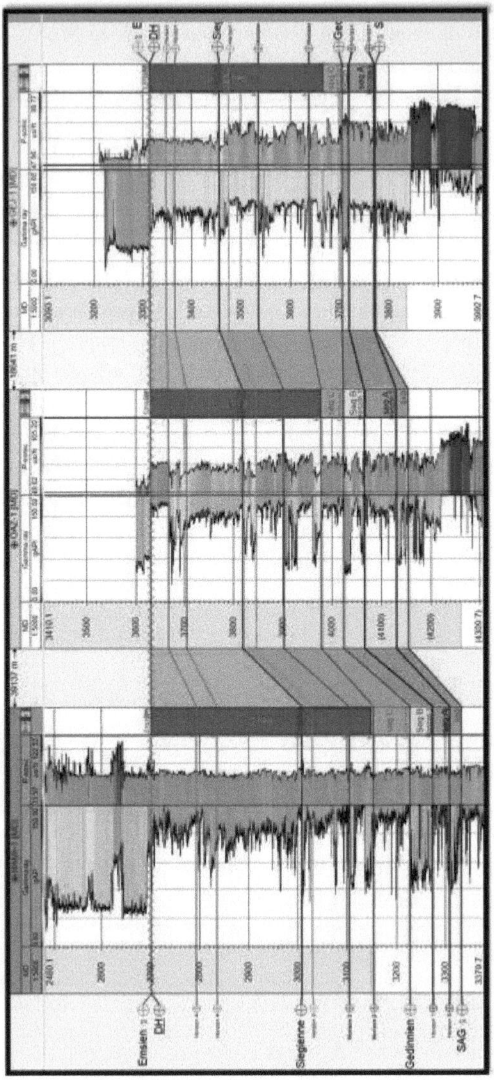

Figura II. 19- Correlação dos poços estudados com o poço de referência MAMI-1

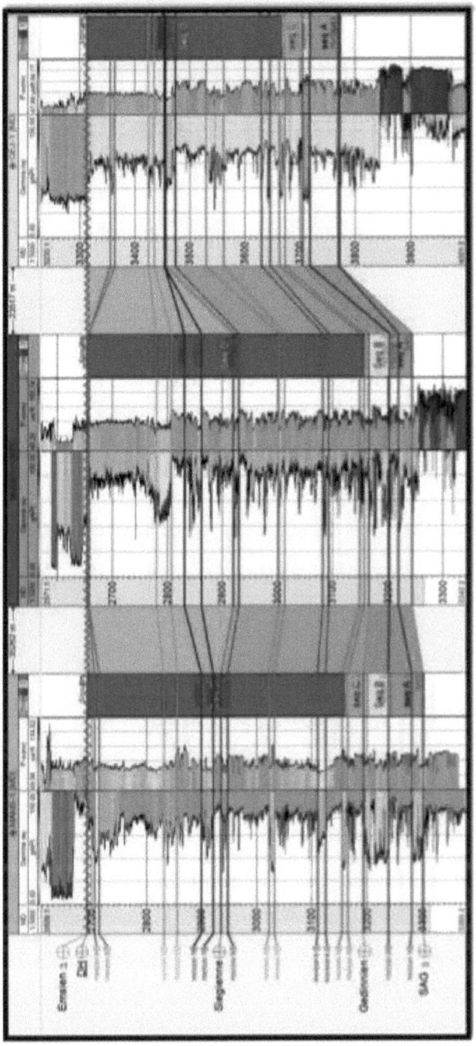

Figura II. 20- Registos de correlação para os poços MAMS-1, AET-1 e GEJ-1.

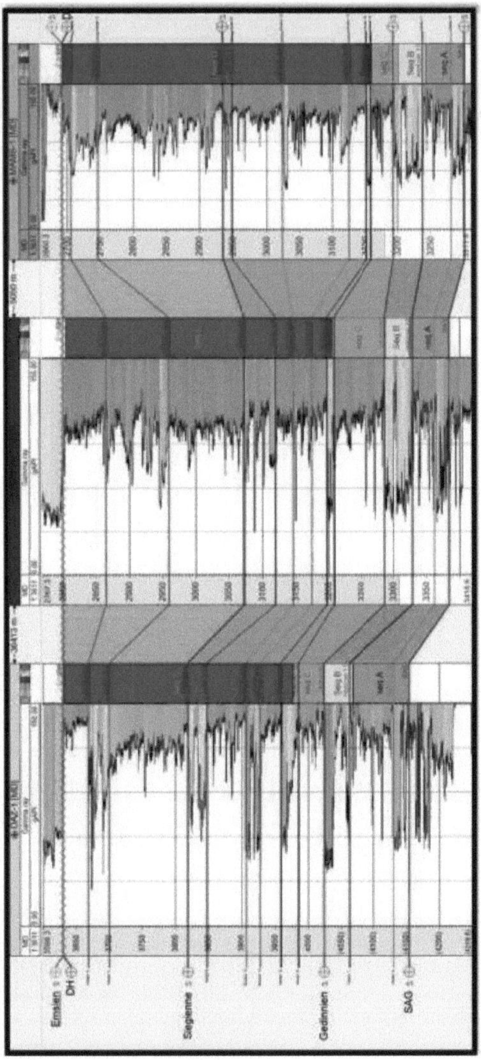

Figura II. 21- Correlação de registos entre os poços OAZ-1, WMAMI-1, MAMS-1.

11.12 Interpretação de mapas de isóbatas

Os mapas de isóbatas mostram as profundidades dos tectos dos diferentes reservatórios do Devónico Inferior (Gedinniano, Segenciano e Emsiano). Estes mapas permitem também seguir as variações laterais das profundidades do Devónico Inferior na região estudada.

a) O Gedinniano

As curvas das isóbatas mostram um aumento da profundidade em direção ao noroeste, enquanto o sudeste mostra profundidades pouco profundas que atingem os 2400 m (Figura II.22).

b) O Senegal

A análise do mapa mostra que a profundidade da cobertura Siégeniana aumenta para noroeste com uma profundidade que atinge os 3000m, a profundidade rasa é marcada no poço MAMS-1 (Figura II.23).

c) O Emsian

A Figura II.24 mostra a profundidade do teto emsiano, que é maior no poço OAZ-1, onde atinge uma profundidade de 2.800 m. Movendo-se para sudeste, a profundidade diminui para 1980 m.

II.11.1 Conclusão

A análise dos mapas de isóbatas mostra um aprofundamento global para noroeste, uma diminuição da profundidade para sudeste e uma subsidência mais significativa a noroeste do que a sudeste, e verifica-se que os tectos do Emsian, do Segentanian e do Gedinnian são paralelos, uma vez que os mapas de isóbatas têm um aspeto quase idêntico.

Mapa de isóbatas gedinnianas

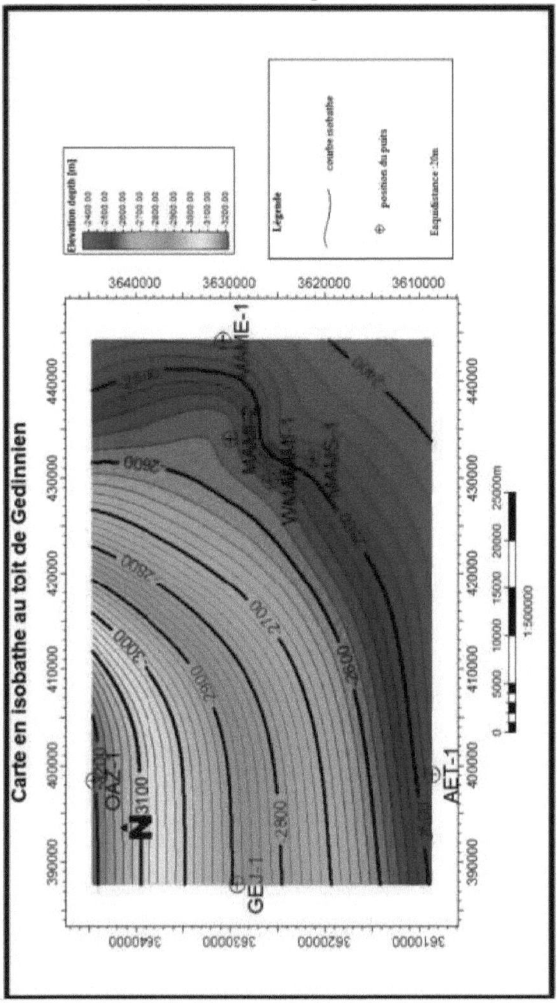

Figura II. 22- Mapa isobático do teto gediniano

Mapa das isóbatas do telhado de Siégenien

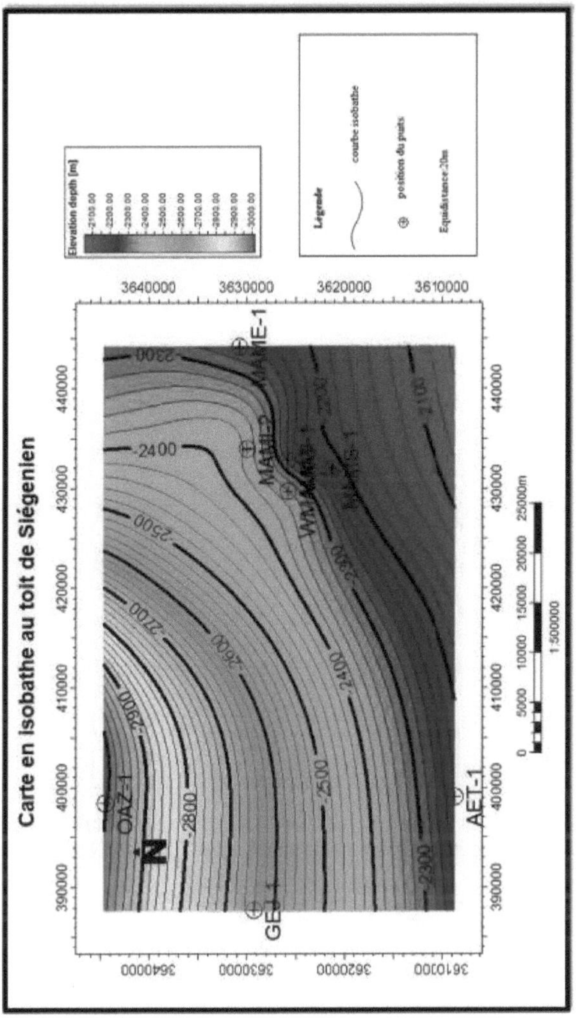

Figura II. 23- Mapa de isóbatas na cobertura de Siégenien.

Mapa de isóbatas do telhado de Emsien

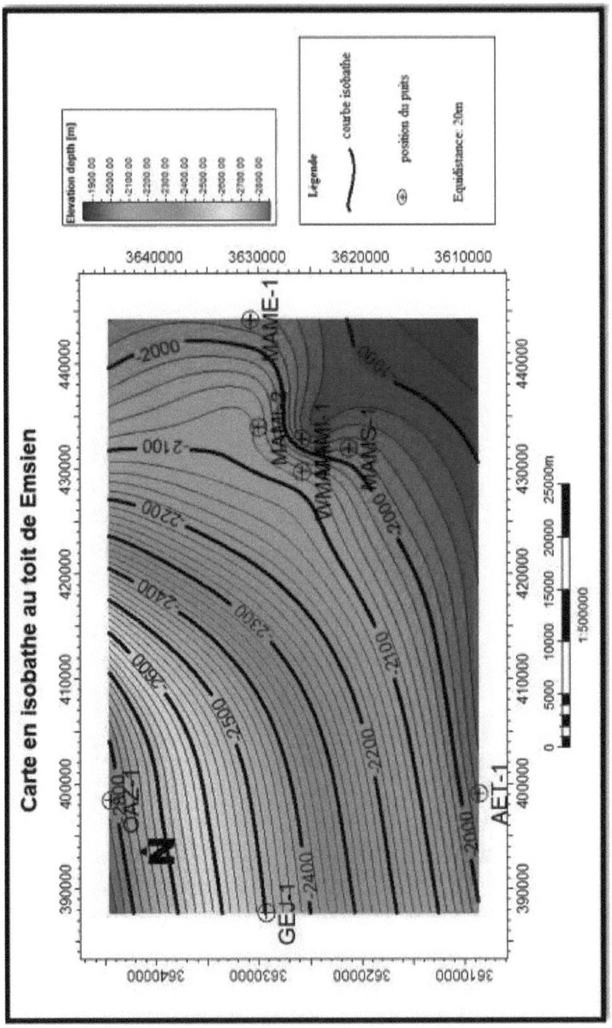

Figura II. 24- Mapa isobático do teto emsiano

Capítulo III

Análise petrofísica análise e estudo estatístico.

111.1 Introdução

O objetivo um estudo petrofísico é avaliar as caraterísticas petrofísicas (porosidade, permeabilidade) dos reservatórios estudados. Cada reservatório deve ser caracterizado pelos seus parâmetros como a porosidade, a permeabilidade, a espessura, a saturação de óleo, de gás e de água. De todos os parâmetros já referidos, os mais importantes a estudar são a porosidade e a permeabilidade. Para melhor caraterizar a área de estudo, analisámos testemunhos (amostras horizontais), com base nos parâmetros petrofísicos (porosidade e permeabilidade):

- Diagramas de profundidade versus porosidade.
- Diagramas de profundidade versus permeabilidade.
- Fazer gráficos cruzados (K/0).

Caracterização dos reservatórios

O diagrama (Figura III.1) mostra a tipologia dos reservatórios em função dos valores de porosidade e permeabilidade, e foi neste diagrama que baseámos a nossa interpretação.

111.2 Representação gráfica

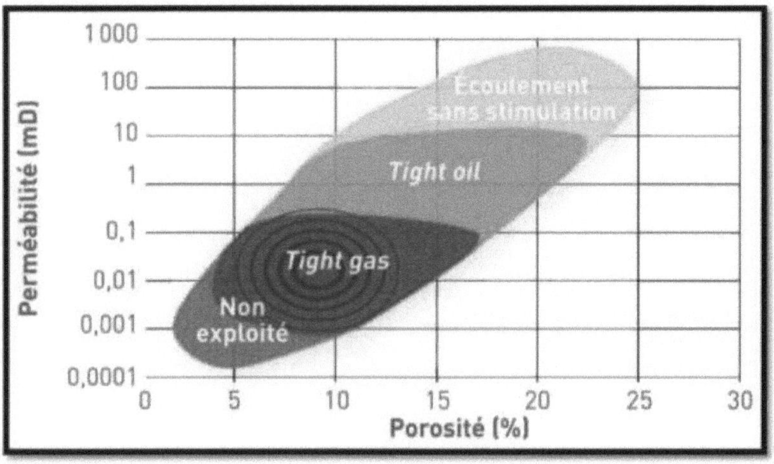

Figura III. 1- Tipologia de reservatórios de acordo com a porosidade e permeabilidade (Total, 2011)

O estudo da evolução horizontal da porosidade e da permeabilidade foi efectuado em quatro poços:

a) O período gediniano

O poço GEJ-1

A distribuição da porosidade em função da profundidade, como mostra a Figura III.2, pode ser subdividida em três intervalos:

De 3814m a 3806m: Neste intervalo a porosidade varia entre 0% e 3%.

De 3800 m a 3798 m: a porosidade varia entre 0% e 2%.

De 3798 m a 3796 m: a porosidade varia entre 6% e 9%

A distribuição da permeabilidade em função da profundidade é mostrada no diagrama da Figura III.1. Valores muito baixos de porosidade são encontrados na profundidade de 3814m. O valor médio de permeabilidade está entre 0,003mD e 0,011mD, correspondendo ao intervalo 3809m-3806m, enquanto o valor máximo de permeabilidade é encontrado entre as profundidades de 3798m e 3796m.

O poço OAZ-1

A distribuição da porosidade e da permeabilidade em função da profundidade, estes dois parâmetros têm um comportamento quase idêntico: os valores baixos de porosidade encontram-se nas profundidades de 4146,5m e 4136m e os valores baixos de permeabilidade encontram-se nas profundidades de 4136m e 4146m. (figura III.2)

O poço MAMI-2

O diagrama da Figura III.3 mostra a distribuição da permeabilidade em função da profundidade. A curva é quase linear, com valores que variam entre 7 e 10 mD. Podem distinguir-se quatro intervalos para a porosidade:

De 3352m-3344m: a porosidade varia entre 3 e 14%.

De 3344m-3342m: a porosidade é de 18,9%.

De 3342m a 3338m: a porosidade varia entre 4% e 15%.

De 3336m-3335m: a porosidade situa-se entre 11% e 16%.

O poço MAMS-1: O diagrama da Figura III.3 mostra a distribuição da permeabilidade e da porosidade em função da profundidade. Os valores baixos de porosidade encontram-se entre 3240 e 3234m, os valores altos entre 3234 e 3230m e os valores médios entre 3230 e 3224m. A distribuição da permeabilidade em função da profundidade mostra que a permeabilidade se deteriora com a profundidade.

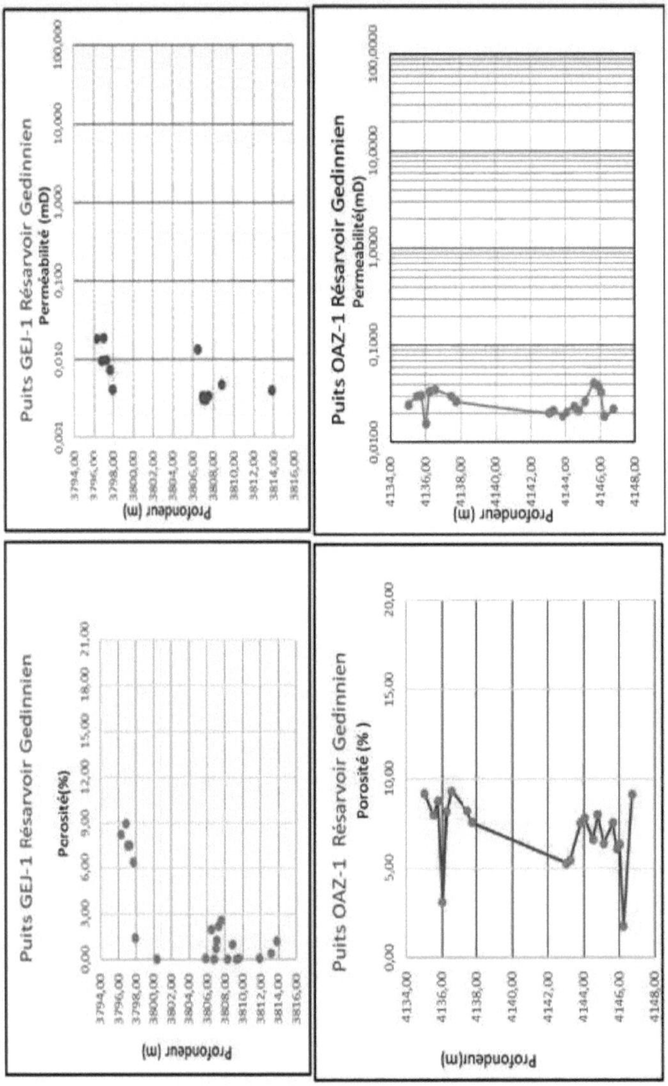

Figura III. 2- Distribuição da porosidade/permeabilidade em função da profundidade no reservatório Gedinniano.

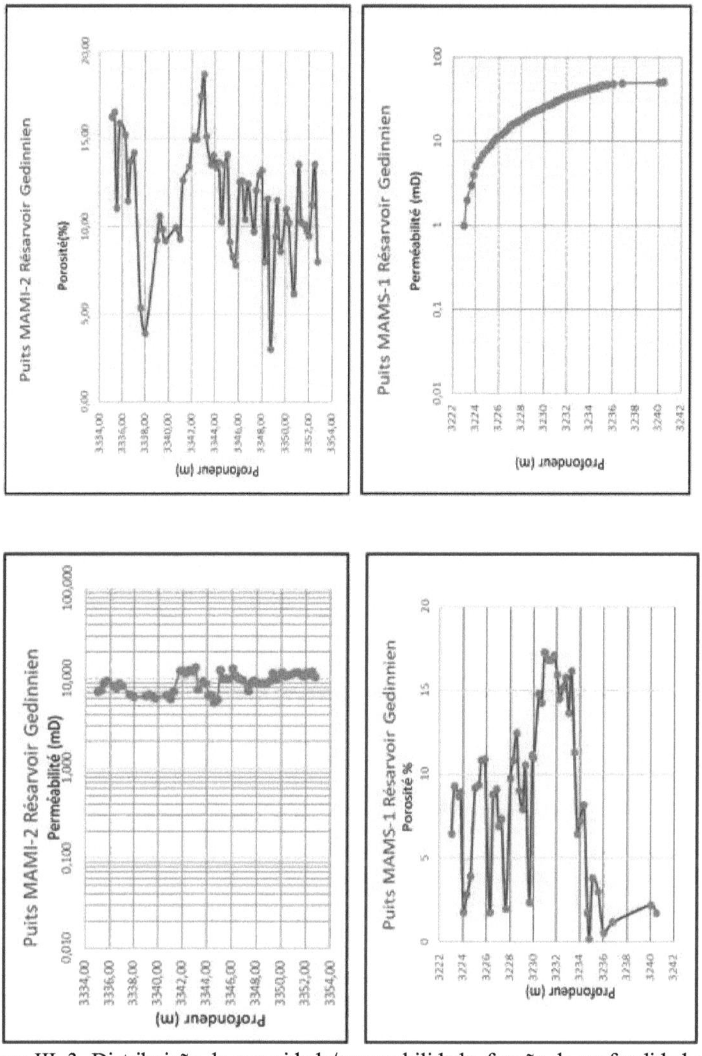

Figura III. 3- Distribuição da porosidade/permeabilidade função da profundidade no reservatório gediniano.

O poço OAZ-1

No gráfico cruzado (figura III.4), podemos ver que a reparação dos pontos mostra duas zonas: a primeira é marcada por uma permeabilidade negligenciável [0,01 ; 0,1 mD] e uma porosidade muito baixa [2 ; 3 %], a segunda zona é formada por uma permeabilidade muito baixa [0,01 ; 0,1 mD] e uma porosidade baixa [5 ; 10 %], reflectindo um reservatório compacto não convencional (Tight gas).

O poço GEJ-1

No gráfico cruzado (figura III.4), podemos observar que a distribuição dos pontos evidencia duas zonas: a primeira zona caracterizada por uma permeabilidade muito baixa [0,01; 0,1 mD] e por uma porosidade negligenciável [2; 3%], e a segunda zona caracterizada por uma permeabilidade muito baixa [0,01 ; 0,1 mD] e uma porosidade baixa [9; 10%], formando assim um reservatório não convencional (Tight gas).

O poço MAMS-1

No cross-plot (Figura III.4), a distribuição dos pontos permite distinguir três zonas: a primeira zona caracterizada por valores muito baixos de permeabilidade [0,01; 0,1 mD] e baixa porosidade [0,5 a 4 %], o que implica que se trata de um reservatório compacto e inexplorado; a segunda representada por permeabilidades [0,01; 0,1 mD] e porosidade [6 ;
11%] formando um reservatório compacto não convencional (Tghit gás). O terceiro é formado por porosidades [12 ; 17 %] e permeabilidade [0,1 ; 2mD] constituindo um reservatório compacto não convencional (Tghit oil).

O poço MAMI-2

No gráfico cruzado da figura III.4, a distribuição dos pontos mostra duas zonas diferentes: a primeira zona é caracterizada por um valor de permeabilidade baixo [>10mD] e por uma porosidade

[A segunda zona é caracterizada por uma permeabilidade [>10mD] e porosidade [8 a 19%] formando um reservatório fissurado.

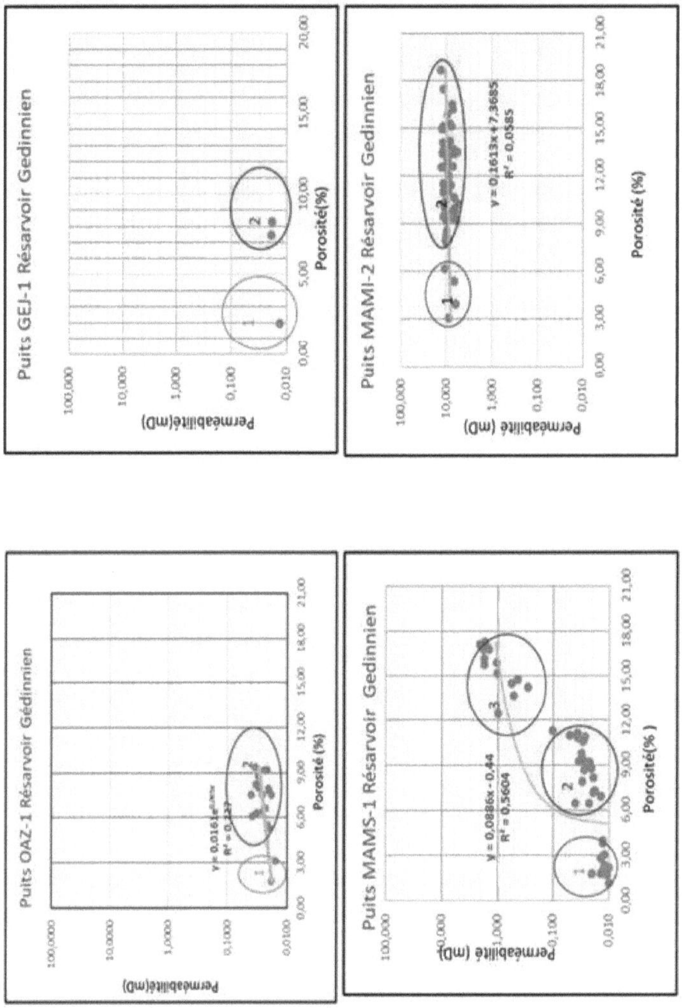

Figura III. 4- Distribuição da porosidade em função da permeabilidade no reservatório Gedinniano.

b) Le Siégenien

O poço MAME-1

O diagrama da Figura III-5 mostra uma distribuição dos valores de permeabilidade em função da profundidade. Verifica-se que os valores de permeabilidade rondam os 0,010 mD e <100 mD. Um pico no valor máximo de permeabilidade é registado a uma profundidade de 3021m. O diagrama da Figura III-4 mostra que a porosidade nos intervalos de 3038m e 3020m varia horizontalmente entre 3 e 12%.

O poço MAMI-2

O diagrama (Figura III.5) da porosidade em função da profundidade é o mesmo que o da permeabilidade em função da profundidade, no qual se distinguem quatro intervalos.

Os valores de porosidade variam entre 0% e 10% e os valores de permeabilidade entre 1 e 80mD.

O poço MAMI-1

O diagrama (Figura III.6) da porosidade em função da profundidade mostra que os valores baixos se encontram nas profundidades de 3112m e 3110m, e os valores altos nas profundidades de 3110m e 3105m.

O diagrama de permeabilidade versus profundidade mostra um valor baixo de 0,04mD no intervalo [3110m-3109m], o valor alto de permeabilidade é de 1,1 mD encontrado no intervalo [3106m-3105m].

O poço GEJ-1

O diagrama da Figura III-6 mostra uma distribuição dos valores de permeabilidade em função da profundidade. Podem distinguir-se três intervalos:

De 3554m a 3546m: o valor da permeabilidade situa-se entre 0,001 e 0,010 mD.

De 3540m a 3536m: valor de permeabilidade entre 0,001 e 0,010 mD.

A uma profundidade de 3538 m: a permeabilidade é de 1mD.

O diagrama de porosidade versus profundidade mostra três zonas:

De 3556m a 3546m: o valor da porosidade varia entre 5% e 10%.

De 3546 m a 3542 m: o valor da porosidade varia entre 0% e 4%.

De 3540m a 3536: o valor da porosidade varia entre 0% e 5%.

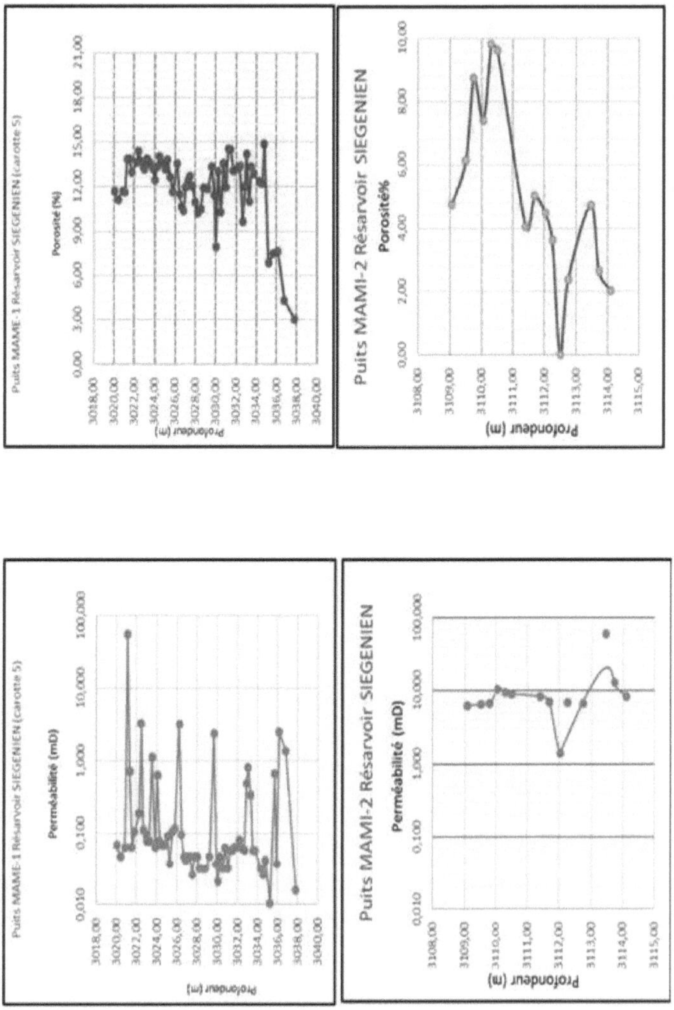

Figura III. 5- Distribuição da porosidade/permeabilidade em função da profundidade no reservatório de Siégenien.

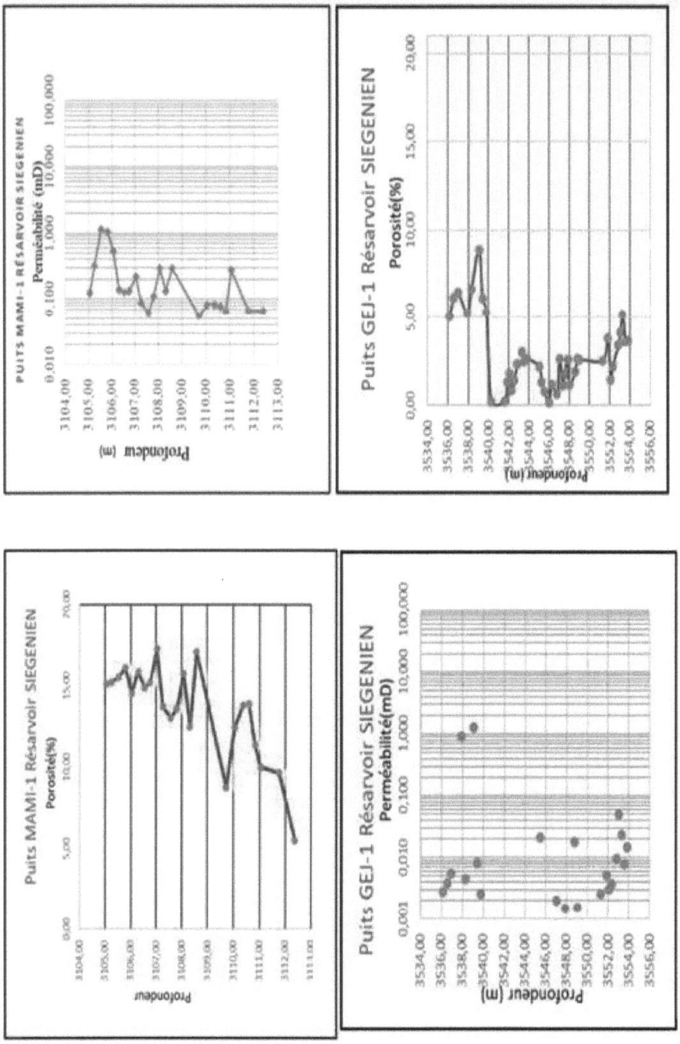

Figura III. 6- Distribuição da porosidade/permeabilidade função da profundidade no reservatório de Siégenien.

O poço GEJ-1

No cross-plot da Figura III.7, os pontos concentram-se principalmente em duas zonas: a primeira é caracterizada por permeabilidades [0,01 a 0,1 mD] e porosidade [0% a 5%], enquanto a segunda é caracterizada por permeabilidade [1 a 10 mD] e porosidade [5% a 9%], sugerindo um reservatório não convencional (óleo Tghit).

O poço MAMI-2

No gráfico cruzado da Figura III.7, os pontos mostram duas zonas: a primeira zona é caracterizada por uma permeabilidade [1mD] e uma porosidade [5%] que é sinónimo de um reservatório não convencional (petróleo Tghit). A segunda é caracterizada por uma permeabilidade baixa [10 e 100mD] e uma porosidade baixa [2 a 9%], o que indica um reservatório convencional.

O poço MAMI-1

No cross-plot da Figura III.7, os pontos mostram quatro zonas: com valores de permeabilidade da ordem de 0,1 e 1,00 mD e valores de porosidade diferentes, a primeira zona corresponde a um reservatório não convencional (gás de Tghit), a segunda zona e a terceira e quarta zonas correspondem a reservatórios não convencionais (óleo de Tghit).

O poço MAME-1

O gráfico cruzado da figura III.7, mostra uma distribuição dos pontos em oito zonas: as três primeiras zonas têm valores de permeabilidade da ordem de [0,01 e 1mD] e valores de porosidade que se decompõem: a primeira zona tem uma porosidade de [0% a 5%] o que indica um reservatório inexplorado, a segunda [7% a 8%] é um reservatório não convencional (gás de Tghit).A quarta e quinta zonas formam reservatórios não convencionais (Tghit oil), assim como a sexta e sétima zonas. A oitava zona tem uma permeabilidade entre 10mD e 100mD, formando um reservatório convencional.

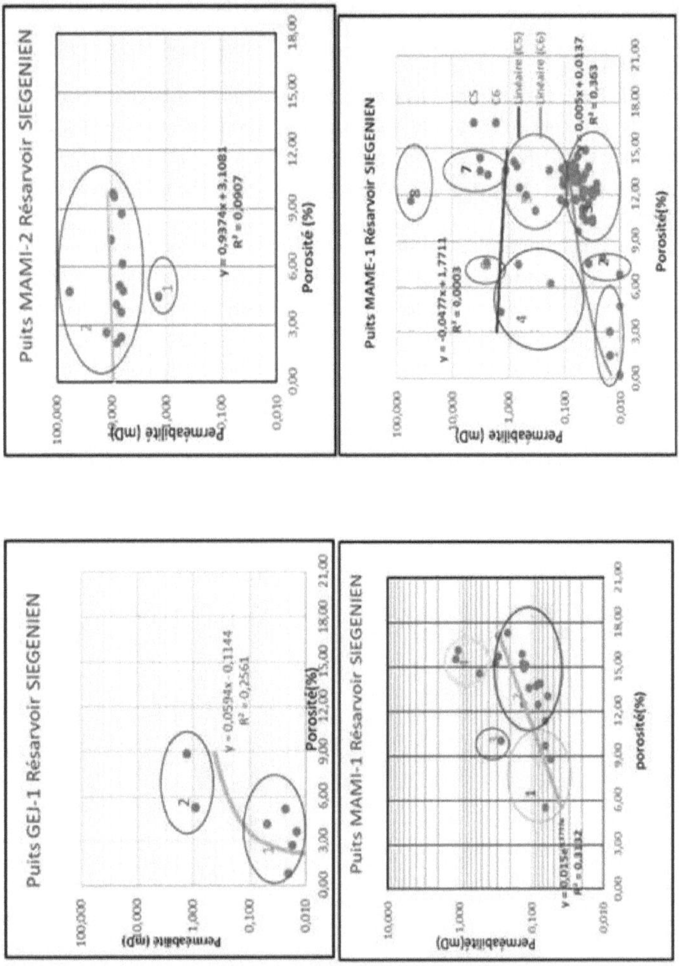

Figura III. 7- Distribuição da porosidade em função da permeabilidade no reservatório de Siégenien

c) O emsiano

O poço MAMI-1

O diagrama de porosidade versus profundidade na Figura III-8 mostra valores entre 4% e 16%, enquanto o diagrama de permeabilidade mostra valores entre 0,04 e 10 mD.

O poço MAMI-2

O diagrama (figura III.8) da permeabilidade versus profundidade é o mesmo que o da porosidade versus profundidade. O valor máximo da porosidade é registado nas profundidades de 2866m e 2864m, enquanto o valor máximo da permeabilidade é registado na profundidade 2866m.

O poço OAZ-1

O diagrama (Figura III.9) de porosidade versus profundidade e permeabilidade versus profundidade mostra que os valores de porosidade são da ordem de 0% e 1% e os valores de permeabilidade estão entre 0,001 mD e 10 mD.

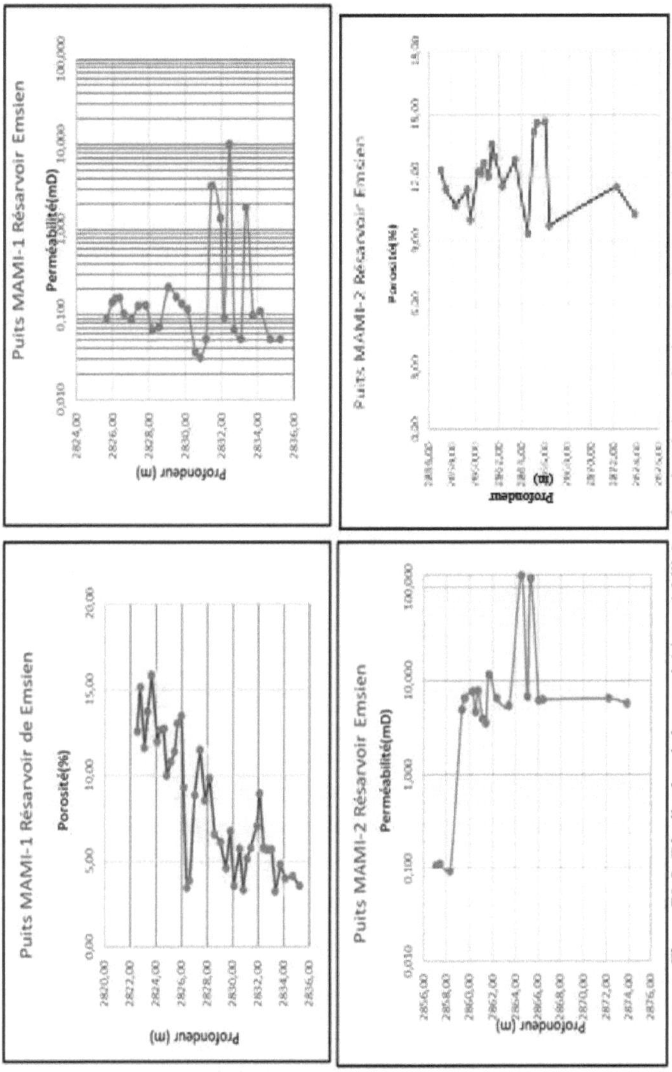

Figura III. 8- Distribuição da porosidade/permeabilidade função da profundidade no reservatório de Emsian

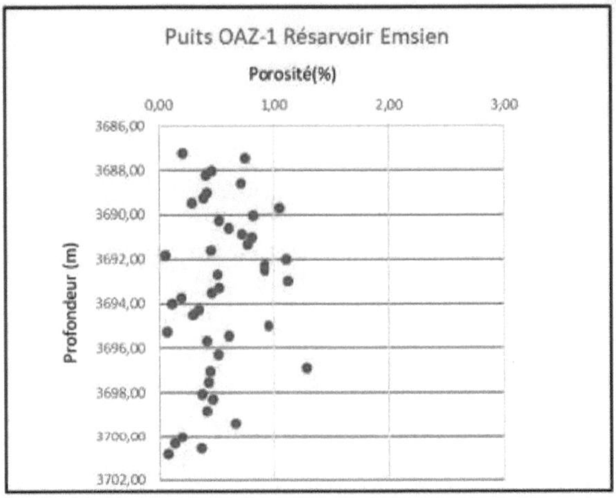

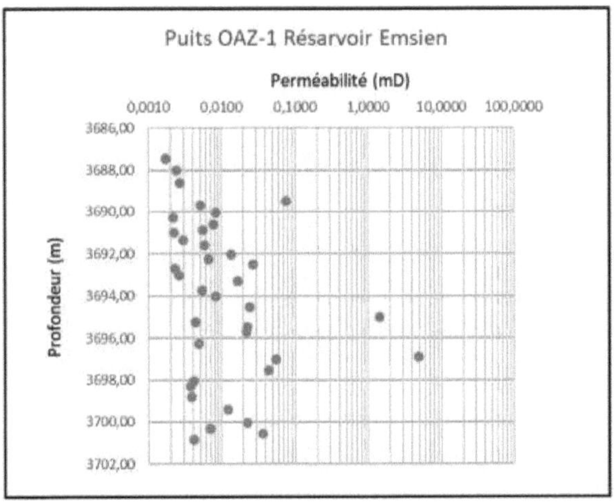

Figura III. 9- Distribuição da porosidade/permeabilidade em função da profundidade no profundidade no reservatório de Siégenien.

a. O emsiano

O poço OAZ-1

O gráfico cruzado da figura III.10 mostra duas zonas: a primeira zona é marcada por valores de permeabilidade muito baixos [0,01 a 0,1 mD] e porosidade [0 a 2%], formando assim um reservatório não explorado; a segunda zona tem valores de permeabilidade que variam de 1 a 10,0 mD e porosidade de 0 a 3%.

O poço MAMI-1

O gráfico cruzado da figura III.10, A primeira zona apresenta permeabilidade muito baixos [<0,1 mD] e porosidade [3 a 6%], indicando um reservatório não convencional (gás Tghit).A segunda zona é caracterizada por um valor de permeabilidade [0,1 a 1 mD] e porosidade de 9 a 15%, correspondendo a um reservatório não convencional (óleo de Tghit). A terceira, quarta e quinta zonas apresentam valores de permeabilidade baixos [0,1 a 10 mD] e porosidade [6 a

11%], o que a torna um reservatório não convencional (óleo de Tghit).

O poço MAMI-2

No cross-plot da Figura III.10, a distribuição dos pontos mostra três zonas diferentes: A primeira zona caracteriza-se por uma baixa permeabilidade [0,09; 0,1mD] e porosidade [11% a 13%] formando um reservatório não convencional compacto (gás Tghit). A segunda zona apresenta valores baixos de permeabilidade [1 ;10 mD] e porosidade [9 a 14%], reflectindo a presença de um reservatório não convencional (Tghit oil).

III.3 Conclusão

A análise de gráficos cruzados mostra que :

As propriedades petrofísicas dos reservatórios gedinnianos, seigenianos e emsianos são muito baixas, o que explica o carácter apertado do reservatório.

Os coeficientes de correlação (2) são próximos de zero, o que explica a fraca qualidade destas albufeiras devido à heterogeneidade do meio.

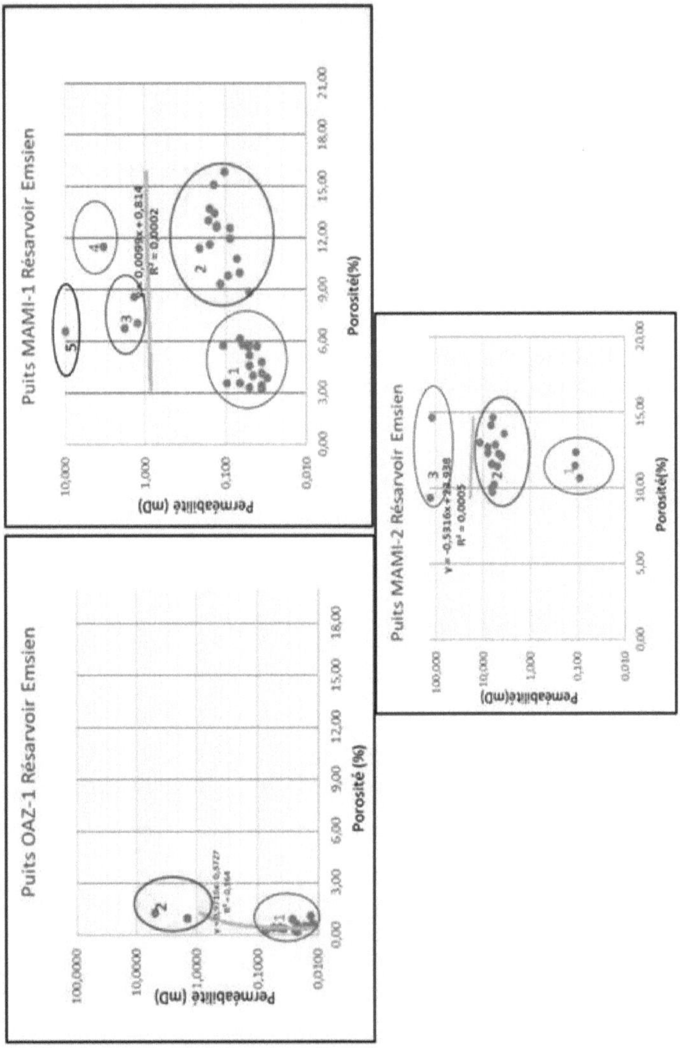

Figura III. 10- Distribuição da porosidade/permeabilidade função da profundidade no reservatório de Siégenien.

III.4 Recordação do método estatístico

1. **Média aritmética** :

A média é um parâmetro posicional. A média é obtida tomando a soma dos valores dividida pelo número de valores.

—═ 1+ 2+···

A variância é igual à soma dos quadrados dos desvios da média dividida pelo número total de pessoas. Se x = (x1, x2, ...xn). A variância é denotada var (x), 2, ou 2.É representada pela seguinte equação: $2(X)=\sum_i (-)^2$ Sendo N - número total de funcionários; $\bar{}$ - média aritmética e xi - variável.

3. Desvio-padrão

$$S(X) = \sqrt{2(\,)}$$

Esta é a raiz quadrada da variância

III.5 Resultados estatísticos

a) O período gediniano

A Tabela III.1 apresenta os valores de porosidade e permeabilidade para o reservatório Gedinniano, sendo os valores máximos de porosidade registados no poço MAMI-2 e também de permeabilidade.

Bem	X(m)	Y(m)	Permeabilidade média (md)	Porosidade média (%)	Piso de tanque
OAZ-1	398428.70	3644563.40	0,03	7	Gediniano
GEJ-1	387711.19	3629312.03	0,01	2,46	Gediniano
MAMS-1	431952.49	3621359.63	0,34	8,93	Gediniano
MAME-1	444182.20	3630816.20	2,53	6,37	Gediniano
MAMI-2	433944.60	3630034.00	9,23	11,57	Gediniano

Tabela III. 1- Porosidade e permeabilidade do reservatório de Gedinnian

b) Le Siégenien

A Tabela III.2 mostra os valores de porosidade e permeabilidade para o Siégenien, os valores de porosidade variam entre 1,45% e 13,51%, enquanto os valores de permeabilidade variam entre 0,24 mD e 11,37 mD. O valor máximo de porosidade encontra-se no poço MAM-1 e o valor máximo de permeabilidade no poço MAMI-2.

Bem	X(m)	Y(m)	Permeabilidade média (md)	Média Porosidade (%)	Nível do depósito
MAMI-1	432829.09	3625900.75	0,24	13,51	Sítio
GEJ-1	387711.19	3629312.03	0,11	1,45	Sítio
MAME-1	444182.20	3630816.20	1,20	11,89	Siégenien
MAMI-2	433944.60	3630034.00	11,37	5,38	Siégenien

Quadro III. *2*- Valores de porosidade e permeabilidade para a jazida de Siégenien.

c) O emsiano

A Tabela III.3 mostra as variações na porosidade e permeabilidade do reservatório. Emsian. Os valores de porosidade e permeabilidade dos poços são apreciáveis MAMI-2.

Bem	X(m)	Y(m)	Permeabilidade média (md)	Média Porosidade (%)	Piso tanque
MAMI-1	432829.09	3625900.75	0,90	8,22	Emsien
OAZ-1	398428.70	3644563.40	0,11	0,54	Emsien
MAME-1	444182.20	3630816.20	0,05	7,29	Emsien

MAMI-2	433944.60	3630034.00	17,54	12,02	Emsien

Quadro III. 3- Valores de porosidade e de permeabilidade da jazida de L'Emsien.

O estudo estatístico de todos os poços (tabela III.4) informa-nos que a variabilidade máxima da porosidade é registada no poço MAMI-1 (2=13,99%) com um desvio padrão de (S = 2,65 %) e a variabilidade máxima é encontrada no poço MAMI-2 (2=13,99%) e desvio padrão (S =0,22).

Bem	X(m)	Y(m)	Var. (2)da permeabilidade	Var. (2)de Porosidade	Desvio padrão de Permeabilidade	Desvio padrão Porosidades
MAMI-1	432829.09	3625900.75	0.22	13.99	0.33	2.65
OAZ-1	398428.70	3644563.40	Var <0	20.87	0.04	3.23
GEJ-1	387711.19	3629312.03	0	0.51	0.05	0.50
MAMS-1	431952.49	3621359.63	/	/	/	/
MAME-1	444182.20	3630816.20	2.66	14.31	1.41	3.28
MAMI-2	433944.60	3630034.00	18.61	13.77	3.52	3.03

Tabela III. 4 - Estatísticas de porosidade e permeabilidade para os seis poços.

III.6 Lembrete sobre geoestatística

111.6.1 Introdução

A geoestatística é uma ciência física (Chauvet, 1999), estuda os fenómenos naturais distribuídos no espaço (fenómenos regionalizados) e/ou no tempo.

A geoestatística, ou teoria das variáveis regionalizadas, ocupa-se do estudo das funções aleatórias. Mathéron (1962a e 1962b) introduziu a noção de variáveis regionalizadas para quantificar um fenómeno aleatório com uma estrutura de variabilidade espacial. Ele forneceu uma base teórica para a análise probabilística de variáveis regionalizadas. A geoestatística já foi utilizada numa série de projectos de investigação em geologia e geologia aplicada (Chiasson et al., 1995; Bolle, 2000; Marache et al., 2002; khlalfaoui. S,2008).

111.6.2 Ferramentas geoestatísticas

O variograma

A ferramenta básica que caracteriza a função aleatória é o variograma. É geralmente utilizado para modelar a forma como dois valores no espaço ou no tempo estão correlacionados.

Matematicamente, é a diferença entre duas medições ou os desvios quadrados dos valores.

Z(x) e Z(x+h) observados nos pontos x e x+h: { $\gamma(h) = (1/2) E\{ [Z(x)□ Z(x+h)|- \}$.(Figura III.11)

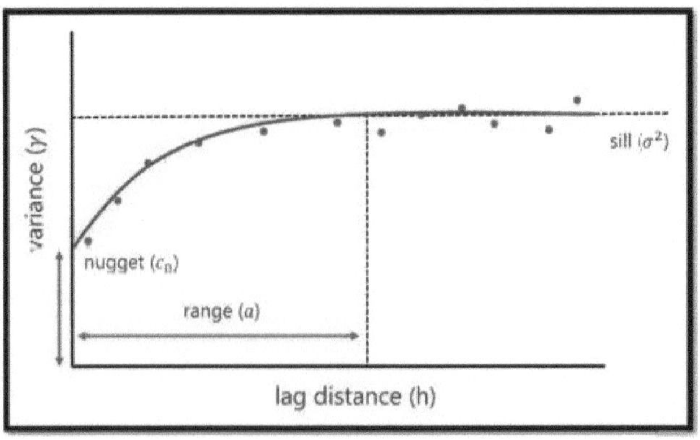

Figura III. 11- Representação gráfica de um variograma.

Efeito pepita:) : Descontinuidade no variograma a uma distância inferior a espaçamento entre dados ou distância de separação zero. Quanto maior for o Nugget, mais descontínuos são os dados.

Sill (nível C): ponto em que o comportamento de um variograma se altera, a partir do qual a relação entre as medições diminui. Quanto maior for o limiar, mais fraca é a correlação e mais pouco fiável é a estimativa.

Alcance: distância a partir da qual duas medições não estão correlacionadas.

111.6.3 Variogramas comuns

A literatura geoestatística oferece numerosas funções que satisfazem as propriedades do semivariograma, tal como apresentado a seguir. Estas funções parametrizadas devem ser capazes de descrever as diferentes componentes (alcance, orientação, pepita). Devem igualmente gerir o comportamento da função na origem (tendência linear, tangência horizontal ou vertical, etc.). Apresentaremos aqui apenas exemplos de modelos de variogramas. (Quadro III.5)

Modelo	Expressão	Representação
Efeito pepita	$\gamma(h) = 0$ h=0 $\gamma(h) = C$ |h|>0	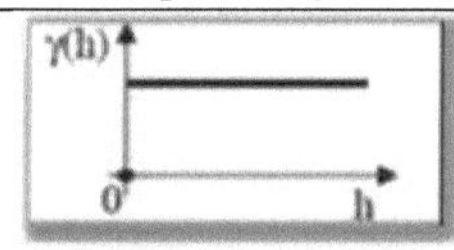
Esférico	$\gamma(h) = 0 + [2\,3(h\,a)-1\,(h)3]$ |h| < a et |h| >a.	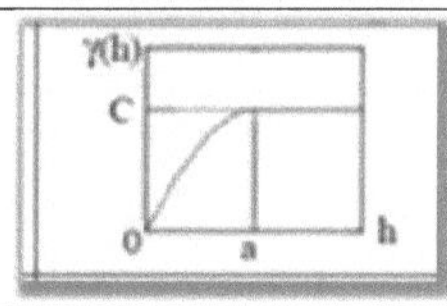
Exponencial	$\gamma(h) = 0 + C\,[1-\mathrm{Exp}\,[\|h\|]]$.	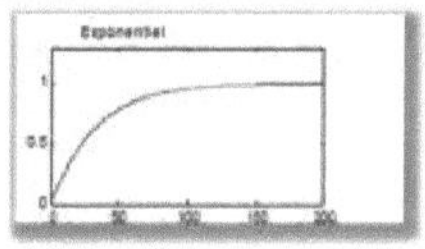
Gaussiano	$\gamma(h) = 0 + C\,[1-\mathrm{Exp}\,(-\|h\|22)$.	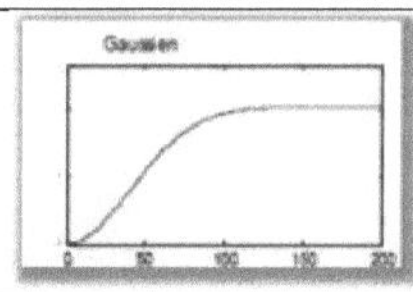
Potência	$\gamma(h) = \|h\|\alpha$ a=1 linear. a=2 parabólico	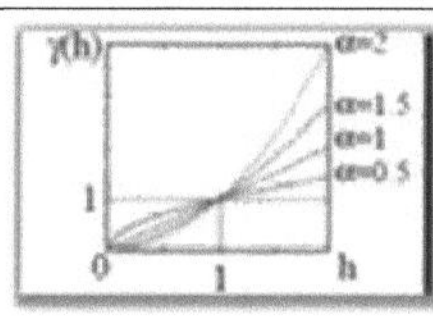
Logarítmico	$\gamma(h) = C.\log\|h\|$ |h|>a	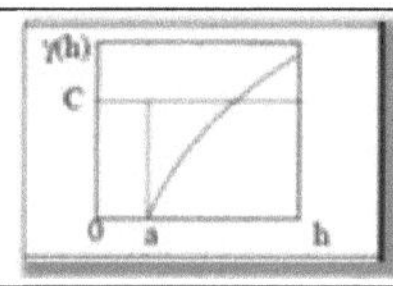

Seio cardinal	$\gamma(h) = C[1- \quad]$ $r = h$	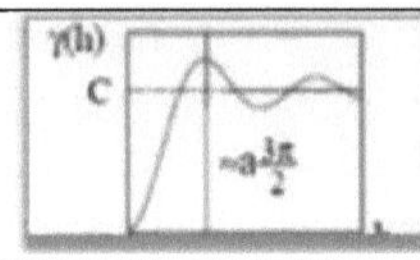

Tabela III. 5- Exemplos de modelos de variogramas.

III.6.4 Representação gráfica de um variograma

Sob o pressuposto "intrínseco" de que o semivariograma depende apenas do vetor h, este variograma teórico pode ser estimado por um chamado semivariograma experimental y*(h), que é calculado através da seguinte fórmula

$$\gamma^*(h) = \frac{1}{2N(h)} \sum_{i=1}^{N(h)} [Z(x) \square Z(x+h)]^2$$

Sendo N(h) o número de pares de medições Z(x) e Z(x+h), este semi-variograma experimental é depois ajustado utilizando um dos modelos teóricos bem estabelecidos. O variograma experimental pode ser calculado em 1, 2 ou 3 dimensões. Os resultados do cálculo de um variograma experimental podem ser representados graficamente.

III .7 Resultados geoestatísticos

a) Vriogramas de superfície

O variograma de superfície para a permeabilidade (Figura III.12) mostra uma anisotropia direcional de 90° e também para o variograma de porosidade. (Figura III.13), podemos ver que estes dois parâmetros estão realmente ligados.

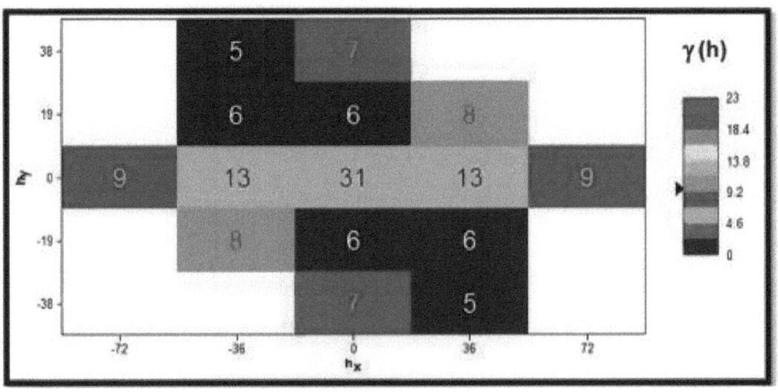

Figura III. 12 - Variograma da superfície de permeabilidade.

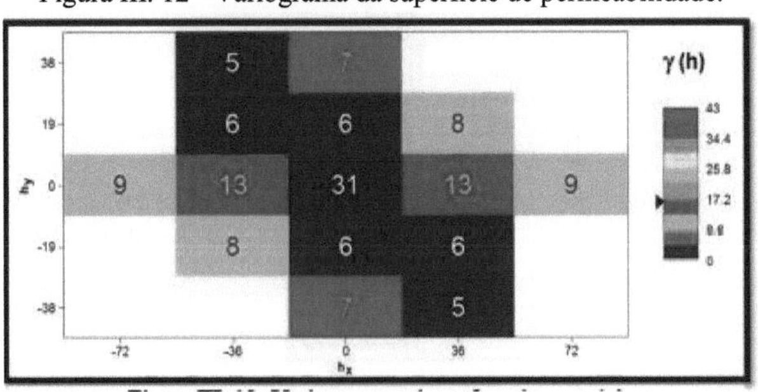

A variografia geoestatística (figura III.14) mostra uma estrutura relativamente homogénea para os dois parâmetros (quadro III.6) porosidade e permeabilidade. Os variogramas das superfícies calculadas indicam uma anisotropia na direção de 90° e um efeito pepita ligeiramente mais fraco para o modelo de permeabilidade. Estes resultados confirmam a fiabilidade dos dados e a importância do modelo de variograma. Para a variação, o degrau C é mais importante para a porosidade do que para a permeabilidade, o que explica o início da diminuição da covariância entre as medições ao ultrapassar o intervalo (a). Em conclusão, estes resultados da análise estatística e geoestatística podem ser utilizados estimar estes e outros parâmetros utilizando a krigagem (simples ou indicativa).

A variável	Nugget (efeito nugget: o)	Sill(rolamento :C)	Gama (intervalo: a)	Coeficiente anisotropia	O modelo
Porosidade	5,44	11,56	62,7	0,82	Gaussiano
Permeabilidade	1,45	8,99	42,18	0,97	Gaussiano

Tabela III. 6 - Comparação entre duas variáveis (Porosidade e Permeabilidade).

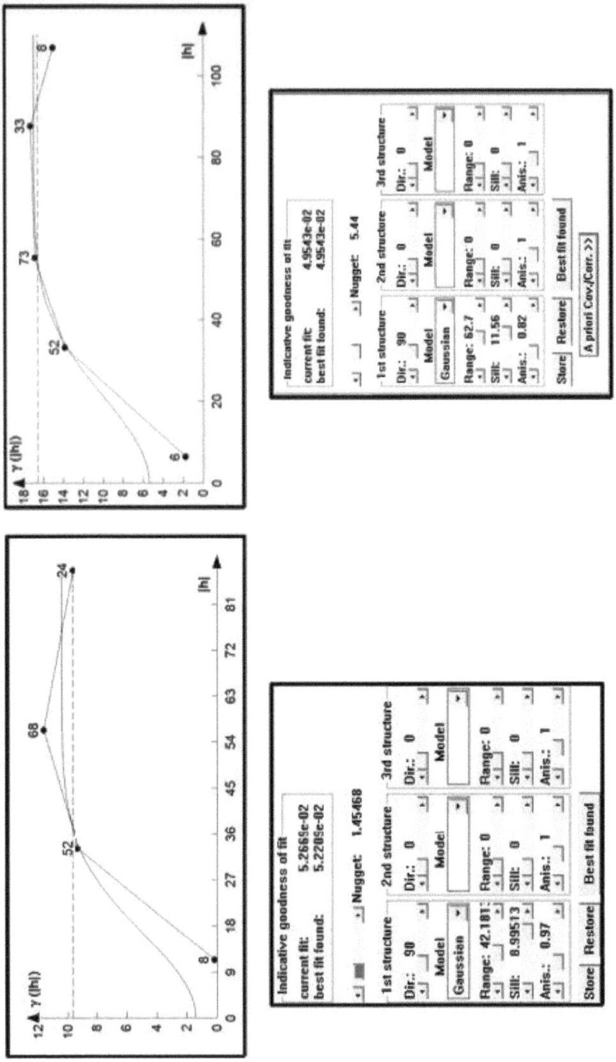

Figura III. 14- Apresentação variogramas de permeabilidade e porosidade (esquerda: variograma de permeabilidade, direita: variograma de porosidade)

Capítulo IV

Potencial petrolífero

IV .1 Sistema de óleo

A parte oriental do sillón de Benoud contém as jazidas de petróleo do Paleozoico. O Devónico Inferior e o Ordovícico são os principais alvos. O Jurássico e o Triássico são também alvos potenciais na parte norte dos blocos 103a e 312 (por razões de confidencialidade, o mapa dos blocos não é apresentado).

V V.1.1 Rochas de origem

No perímetro El Ouabed II (a zona estudada), foram identificados vários níveis de rocha-mãe. As suas caraterísticas geoquímicas parecem ser adequadas para a produção de hidrocarbonetos.

Estes níveis potenciais, ricos em matéria orgânica, são reconhecidos no Siluriano, Devónico, Ordovícico e Jurássico.

a. Rocha siluriana

O Siluriano é constituído por argilas negras, ricas em graptolitos (argilas radioactivas). Estas séries, datadas de Ludlow e Wenlock, estão subjacentes a arenitos do Ordovícico em quase todas as sondagens estudadas. A sua espessura varia de 100 a 400 m.

Os níveis mais adequados, ricos em matéria orgânica, são as argilas radioactivas inferiores e as argilas radioactivas superiores.

O estudo geoquímico efectuado pela CRD (1992) revelou uma excelente riqueza em matéria orgânica nestes níveis, sendo o COT médio da ordem dos 3,97% (Figura IV-1), com elevados potenciais S2 e de óleo (S2=34,66 mg HC/g rocha e PP=39,60 mg HC/g rocha) para a amostra à cota 2651,90m da sondagem NL-2.

O poço MAMI-1: O Siluriano radioativo apresenta teores de COT que variam entre 0,40% e 7,06%. (Intervalo de 3410m, valores moderados de S2. O Tmax situa-se entre 417 e 460°C e o IAT entre 3 e 3,5).

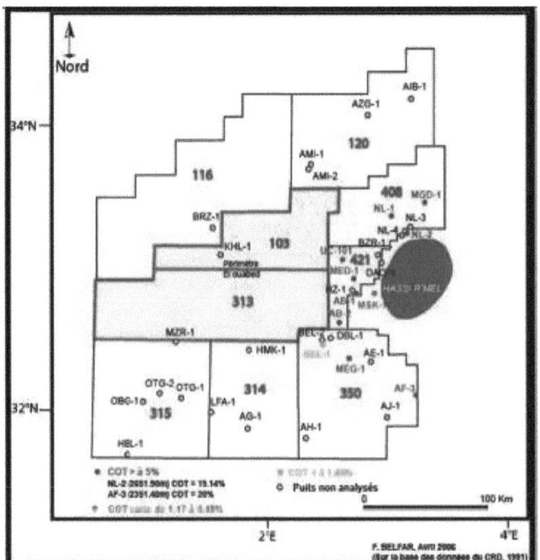

Figura IV. 1 - Mapa das medições dos níveis de C.O.T na rocha-mãe siluriana (BELFAR.F, abril de 2006)

Os dados das análises geoquímicas efectuadas pela BHP (2001) no Siluriano inferior e

superior radioativo de vários poços adjacentes ao perímetro de El Ouabed apresentam os seguintes resultados
podem ser resumidas da seguinte forma (Quadro IV.1):

Bem	COT (%)	S2 (mg HC/g de R)	IH (mg HC/g de TOC)	Tmax (°C)	IAT
MAMS-1	8,65	7 ,65	116	446 ,75	4 à 5
MAME-1	4,40	5,28	110	450,23	2,8 à 3
MAMI-2	1,52	0,31	31	378,43	3 à 4
AET-1	5,52	6,56	120	440	3 à 3,5
MAMI-1	3,03	5,32	173	447,92	3 à 3,5
OAZ-1	3,99	1,90	56	467,1	3 à 3,5
GEJ-1	4,65	4,95	103	447,1	/

Quadro IV. 1- Parâmetros geoquímicos das rochas silurianas (BHP, 2001)

Maturação do Siluriano

O mapa de maturação siluriano elaborado com base nos dados geoquímicos disponíveis e por extrapolação (Figura IV.2) mostra 03 zonas de maturação distintas, seguindo uma direção SE-NW desde a fase petrolífera no SE até à fase gasosa no NW, passando pela fase condensada no centro. Os tanques são então alimentados com gás ou condensado em torno do perímetro.

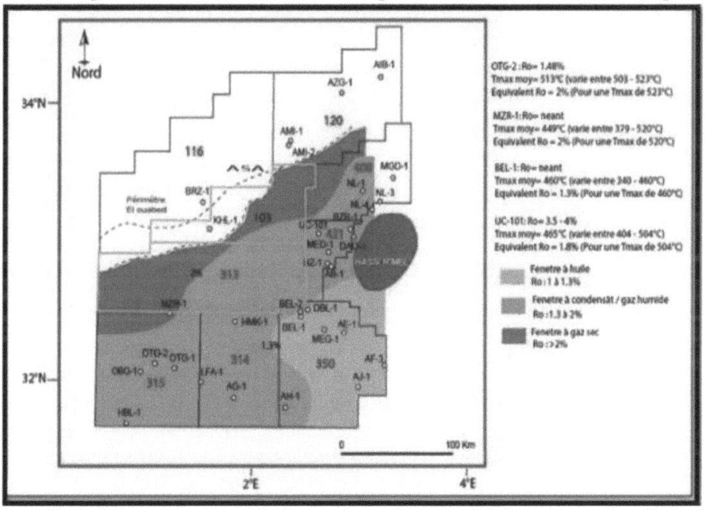

Figura IV. 2- Mapa de maturação das rochas silurianas (elaborado por Anadarko (1993)), completado por F. Belfar; Avril, 2007)

b. Rochas Devonianas

Apenas o furo MED-1 no intervalo Gedinniano (2632-2760m) apresenta valores de COT até 1,12%, com S1=1,99 mg HC/g rocha e PP=5,76mg HC/g rocha.

Esta presença de hidrocarbonetos livres é também registada nos níveis de arenito (Níveis de Produtor) do furo BEL-1, onde a amostra à cota 2251m registou S1 = 4,09 mg HC /g rocha.

Dada a ausência de matéria orgânica, é difícil avaliar o estado de maturação destas séries. No entanto, a zona de formação de óleo encontra-se em NL-2 e BEL-1 (T°max de pirólise de 445°C e I.A.T variando de 1,5 a 3). Por outro lado, em MED-1, as T°max são mais elevadas (484°C<T°max<537°C e o IAT varia de 3 a 4), correspondendo à zona de óleo e gás condensado.

As argilas Frasnianas têm 50 a 70 m de espessura, geralmente truncadas pela inconformidade Hercínica. O poço HBL-1 (localizado a sul do perímetro) atravessou 45 m de argila cinzenta-preta atribuída ao Frasniano, com um C.O.T. calculado superior a 6%, sendo o pico médio de S2 de 4,3 mg HC/g de rocha. Estas argilas encontram-se mais frequentemente no fim da janela petrolífera, com T°max de 430° a 445°C e um IAT de 3. A matéria orgânica é do tipo II-III.

c. Rochas ordovícicas

As argilas micro conglomeráticas e as argilas de El Gassi têm uma fácies constituída por argilas pretas, carbonatadas a siltosas, indicando um ambiente de deposição marinho.

d. Rocha carbonífera

O Carbonífero só está presente na região de Bordj Nili, que foi percorrida pelas sondagens MGD-1 e NL-1. As amostras recolhidas e analisadas mostraram um baixo nível de matéria orgânica no NL-1, enquanto que no MGD-1 este era médio (C.O.T atingiu 1,15% entre 3069,20m e 3106,75m). A pirólise da rocha Eval mostrou parâmetros baixos e um estado de maturação na fase gasosa condensada-úmida (T°max=464°C).

A microscopia ótica do querogénio mostra uma palinofácies composta por matéria orgânica amorfa com alguns detritos lenhosos, cutículas e esporos. O estado de maturação deste intervalo analisado situa-se entre o fim da fase oleosa e a fase gasosa húmida condensada (I.A. T=2,5 a 3).

IV.1.2 Rochas de reservatório

Os principais reservatórios potenciais da região estão localizados no Paleozoico:

a. O reservatório Devoniano

As propriedades dos reservatórios dos arenitos do Devónico Inferior são muito variáveis, oscilando entre 2 e 30% para as porosidades e uma média de 0,7 mD. para a permeabilidade. Estes reservatórios permanecem apertados. No entanto, o reservatório Gedinniano revelou 7,7m3/h de petróleo no furo MAMI-1 e a presença de petróleo nos furos MAMI-2, MAME-1 e AET-1.

b. O reservatório Ordovícico

A placa de M'kratta revelou muito bons indícios, nomeadamente a presença de petróleo nas estruturas Mammi e Arich Et Tergui. Este reservatório apresenta uma porosidade apreciável, mas uma permeabilidade fraca (Φ = 1-8% e k = 0,01mD). Estas fracas propriedades petrofísicas devem-se principalmente à destruição da porosidade primária por transformações diagenéticas, nomeadamente a cimentação siliciosa. Estas propriedades são por vezes melhoradas localmente pela presença de fracturação.

c. O reservatório do Carbonífero

Os arenitos e carbonatos moscovíticos que produziram petróleo (8m3/h) em Nili-2 podem ser prospectivos a NE (bloco 103) e SW (bloco 312) do perímetro EL OUABED II. Em NI- 2, a porosidade é de 20% e a permeabilidade de 800mD. O Visean, que foi detectado por sísmica sob a forma de recife, pode também ser prospetivo a NE e SW do perímetro.

IV.1.3 Rocha de cobertura

Os reservatórios paleozóicos são cobertos por argilas do Ordovícico, Siluriano, Devónico e Carbonífero e pelo Triássico Salífero.

IV.1.4 Armadilhas

No perímetro de El Ouabed II podem ser exploradas várias armadilhas, incluindo armadilhas estruturais simples ou complexas, armadilhas mistas e armadilhas litológicas.

Em conclusão, a Fossa de Benoud é uma zona de transição entre a Plataforma Saariana a sul, estável desde o Paleozoico, e o Atlas Saariano Meso-Cenozoico ativo a norte. A posição ocupada pela Fossa de Benoud reflecte os efeitos das diferentes fases tectónicas dos ciclos Hercínico e Alpino.

Conclusão geral

O Devónico Inferior da zona de estudo é constituído por depósitos que se desenvolvem em todo o Sara argelino, com um carácter areno-argiloso, e que se encontram em três fases, o Gedinniano, o Seigeniano e o Emsiano. Este estudo baseia-se na descrição de núcleos de cinco poços (MAMI-1, MAME-1, GEJ-1, OAZ-1, AET-1) e no corte sequencial destes poços na área de estudo. As principais conclusões deste estudo são as seguintes:

+ A repartição da série do Devónico Inferior mostra quatro sequências genéticas para cada poço. No Gediniano, os processos sedimentares a baixo nível do mar estão bem desenvolvidos em comparação com os a alto nível do mar, o que explica a regressão em contraste com o Segeniano e o Emsiano.

+ Alguns poços têm sequências mais espessas do que outros.

+ A sedimentação é essencialmente detrítica e o ambiente de deposição foi interpretado como sendo de superfície costeira.

Os mapas de isóbatas do topo do Gedinniano e do Siégenien e Emsien mostram um aprofundamento para noroeste.

Os parâmetros petrofísicos dos reservatórios devonianos mostram geralmente baixa porosidade e baixa permeabilidade, o que explica carácter apertado dos reservatórios. A análise de gráficos cruzados mostra que os coeficientes de correlação tendem para zero, o que explica a fraca qualidade destes reservatórios devido à heterogeneidade do ambiente.

A análise estatística mostra que o poço MAMI-2 tem valores elevados de porosidade e permeabilidade no Devónico Inferior em comparação com os outros poços, confirmando um bom reservatório.

A modelação geoestatística 1D dos parâmetros petrofísicos (porosidade e permeabilidade) utilizando variogramas gaussianos mostra uma estruturação relativamente homogénea dos resultados.

A análise estatística e geoestatística; pode ser objeto de estimativa destes parâmetros (porosidade e permeabilidade) e mesmo de outros; utilizando a krigagem (simples ou indicativa).

Os reservatórios potenciais correspondem sucessivamente : arenito ordovícico; arenito-siltito devoniano; e arenito-carbonato moscovítico. Estes reservatórios sucessivos e um leito rochoso siluriano maduro fazem do Sillon de Benoud um play petrolífero muito interessante.

Bibliografia

Anadarko. 1993 *Avaliação da exploração da jazida de Benoud.* Documento SH.

Bolle A. 2000. *Estudo e consideração da variabilidade espacial.* Revue Française de Géotechnique. 93, 55-66 pp.

Boudjema A.1987.*Evolution structural du bassin pétrolier "triasique" du Sahara nord oriental (Algérie).* Tese de doutoramento, Univ. Paris-Sud (Orsay).

Chauvet P. 1999. *Aide-mémoire de géostatistique linéaire application du domaine minier.* Imprensa da Escola de Minas de Paris, 140p.

Chiasson P., Lafleur J., Soulié M. e Law K. T. 1995. *Caracterização da variabilidade espacial de uma argila por geoestatística.* Canadian Geotechnical Journal, 32 (1), 1-10 pp.

Habani H.et Medraoui M.1994.*Analyse structurale d'un tronçon de l'accident Sud atlasique -El Kohol (Brezina) - Atlas do Saara Ocidental. Tese de* engenharia geológica, USTHB.

Haddoum H.1992.*Estudos estruturais dos terrenos do mole d'In Ouzzal* (Hoggar ocidental, Algérie). Tese de doutoramento, USTHB.

Khalfaoui S. 2008. *Avaliação estatística dos parâmetros geotécnicos dos solos do nordeste argelino.* Tese de doutoramento, Universidade Badji Mokhtar Annaba - Argélia (2008)

Kazi Tani N.1986.*Evolution géodynamique de la bordure nord-africaine. O domínio intraplaca do Norte da Argélia. Abordagem méga-séquentielle.* Documento de tese, univ.Pau.

Kazi Tani et Durée 1993.*La dynamique du secteur de Bechar depuis le Précambrien.*118 congr.nat.soc,hist. scient. Pau 1993,4 coll. Géologie africaine, pp 137-147.

LF Brown Jr,Fisher WL.1977 M26:Estratigrafia sísmica-Aplicações à exploração de hidrocarbonetos .213-248.

Marache A., Riss J. Gentier S. e Chilès J.-P. (2002). *Caracterização e reconstrução de uma superfície de fracturação de rocha por geoestatística.* International Journal for Numerical and Analytical Methods in Geomecanics; Vol. 26 (9), 873-896 pp.

Mathèron G. 1962a. *Tratado de geoestatística aplicada.* Mém. B.R.G.M.,14, Tome I. 333p.

Mathèron G. 1962b. *Traité de géostatistique appliquée.*Mém. B.R.G.M.,14, Tome II. 306p.

Relatórios internos do SONATRACH. Citamos:

Potencial petrolífero do perímetro de El Ouabed (Blocos: 103 e 313)

Potencial do sistema de hidrocarbonetos de Hassi R'mel West Benoud.

Software utilizado

Petrel versão 2017.1

Wariovine versão 8

Excel 2016

Resumo

O Sillon de Benoud é uma zona de transição entre duas grandes áreas, a Plataforma do Sara, a sul, e o Allas do Sara, a norte.

Este sulco está separado das zonas atlásticas a norte pelo acidente atlântico sul. Este acidente desempenhou um papel importante na estruturação da trincheira em zonas altas e baixas.

O Devónico Inferior na área de estudo é essencialmente detrítico, consistindo em depósitos argilo-arenosos.

Este estudo centra-se na caraterização petrofísica de reservatórios do Devónico Inferior, utilizando técnicas de análise petrofísica e estatística, e modelação geoestatística. As amostras foram analisadas quanto aos seguintes parâmetros petrofísicos: porosidade (0), permeabilidade (K). Um total de 428 amostras foram utilizadas neste estudo. Esta caraterização mostra que os reservatórios do Devónico Inferior são de má qualidade.

A modelização geoestatística mostra uma estrutura relativamente homogénea entre os dois parâmetros (permeabilidade (K) e porosidade (0)).

Palavras chave :

Fossa de Benoud, margem noroeste da plataforma do Sara, acidente do Atlas meridional, Devónico Inferior, estratigrafia, petrofísica, modelação geoestatística.

MIX
Papier aus verantwortungsvollen Quellen
Paper from responsible sources
FSC® C105338

Printed by Books on Demand GmbH, Norderstedt / Germany